確率
不確かさを扱う

John Haigh 著

木村 邦博 訳

SCIENCE PALETTE

丸善出版

Probability

A Very Short Introduction

by

John Haigh

Copyright © John Haigh 2012

All rights reserved. No part of this book may be reproduced or transmitted in any form or by any means, electronic or mechanical, including photocopying, recording or by any information storage retrieval system, without the prior written permission of the copyright owner.

" Probability: A Very Short Introduction" was originally published in English in 2012. This translation is published by arrangement with Oxford University Press.
Japanese Copyright © 2015 by Maruzen Publishing Co., Ltd.
本書は Oxford University Press の正式翻訳許可を得たものである．

Printed in Japan

目　次

第1章　確率論の基本　1
確率論で扱うこと／客観説／実験に基づく証拠——頻度説／主観的解釈／主観確率の評価／オッズ／未解決の問題／確率をどう解釈するか

第2章　確率の計算　27
加法則／乗法則／独立／互いに排反でない事象／事象が3つ以上ある場合／計算の工夫

第3章　確率論小史　45
確率論の始まり／スイスのベルヌーイ家／アブラアム・ド・モアブル／逆確率／中心極限定理／シメオン・ドニ・ポアソン／ロシア学派／そして現代へ

第4章　確率を伴う実験　69
離散分布／連続分布／問題を解決する／平均／変動（ばらつき）／極値分布

第5章　確率を理解する　87

オッズとは？／絶対リスクか相対リスクか？／きわめて小さい確率の和／確率に関する誤解／わからなさを表現する／効用

第6章　ゲームと確率　105

宝くじ（6/49形式）／テレビのゲーム番組／トランプのゲーム

第7章　科学，医学，オペレーションズ・リサーチにおける応用　123

ブラウン運動とランダム・ウォーク／乱数／モンテカルロ法／符号のエラー／羊水検査／血友病／感染症の流行／バッチ検査（一括検査）／航空機予約のオーバーブッキング／待ち行列

第8章　その他の応用　147

法律に関わる問題／ランダマイズド・レスポンス法／世界アンチ・ドーピング機関（WADA）／サッカーの結果（その1）／サッカーの結果（その2）／ブラック・ショールズ・モデル／株式のポートフォリオ（リスク分散のための組み合わせ）

第9章　直観に反する帰結とジレンマ　165

パロンドのパラドックス／2＋2＝4，それとも2＋2＝6？／ヒントをください…／知りたいですか？

付録　問題に対する解答　179

引用文献・参考文献 183

訳者あとがき 187

索 引 191

謝　辞

　ここにお名前を挙げる方からのご支援に感謝申し上げます．レイトン・ヴォーン・ウィリアムズとマイク・スミスからは，競馬のオッズに関して有用な情報をいただきました．レス・ミラーには，ルーレットのシミュレーション結果について教えていただきました．イアン・マクヘイルには，サッカーのワールドカップで 32 チームがそれぞれ優勝する確率をどのように推定したか，詳しく説明していただきました．デレク・ロビンソンは，図を描くのを手伝ってくれました．また，匿名の査読者にも，厚くお礼申し上げたいと思います．鋭いけれども建設的なコメントのおかげで，不明確だったところを明確にし，素材を提示する順序をより首尾一貫したものにし，確率論の核にある考え方をくみ上げようとすることができました．

　そのほかにも，本書で紹介されている情報や見解やエピソードは自分が提供したものだとお思いの方がいらっしゃるかと思います．そのような方々には，ここでお詫び申し上げます．出典があまりにも多くなってしまいますので，一つひとつ個別に謝辞を述べることができません．本書は学術論文で

はありませんので，すべての主張をその源にまでさかのぼれるようにするというわけにはいかないのです．本書はむしろ，確率とはいったいどのようなものか，確率論はどのように発展してきたのか，確率はどのようなことに応用できそうかを，読者がこれまで以上に明確に理解できるようにすることを目指したものなのです．

　誤りや不完全なところが残っているとすれば，それはすべて著者の責任です．

2011 年 4 月

ジョン・ヘイグ

第1章

確率論の基本

確率論で扱うこと

 確率論とは，不確実性の考え方に関する研究を形式化したものです．まったくの偶然による結果というものを，いたるところに見ることができます．生物学的に見れば，私たちはみな，親の遺伝子をランダムに交雑させてできたものです．人々の暮らしは，例えば海中への石油漏れ，火山の噴火，津波，地震などの大災害によって，ランダムに，しかも劇的に変わってしまいます．もちろん，人々の暮らしがランダムに劇的に変わるのは，宝くじで賞金を得るというような，幸せな出来事によることもありますが．

 確率について直観的な形でまずまずの理解をしている人もたくさんいます．しかし，このような形での理解によって，道を誤ってしまうこともあります．それは，次のような場合です．最初に何かの起こりやすさに関してある考えをもっていた，その後でちょっと新しいことが明らかになった，しかるにこのことが最初の考えとどう関連するのか完全に明らかというわけではない，という場合です．実際，数は少ないですが，人を欺くような悪名高い「問題」というものがありま

す.「誕生日問題」,「二人の子ども問題」,「モンティ・ホール問題」などです[*1].これらの問題は,扱っている題材が常識に逆らうことを人に説得するために作られたかのように見えます.しかし,本当はそうではありません.これらの問題の中に隠された仮定を,少しでも浮き彫りにして考慮に入れれば,筋の通った答えが出てきます.とはいえ,確率をしっかりと理解するためには,明晰な思考の過程がまさに必要になるのです.

確率の考え方・扱い方を発展させる原動力となったのは,その応用範囲が広いということでした.ノルマンディー上陸作戦が1944年6月の予定で進められた理由は,もっぱら天候が良好である確率が十分に高いとみなされたことです.オランダの技術者たちは,自国を海から守るための堤防を建築する際に,どの程度の確率で深刻な高潮が生じるかを考慮しなければなりません.新しい治療法は,現行の治療法に比べて,患者の5年後の生存確率が高いのでしょうか? 生命保険,自動車保険,住宅や財産に対する損害保険に支払う保険料は,早い時期に保険金支払い請求が行われる確率によって決められています.学校で何を学ぶか,人生の伴侶として誰を選ぶか,どこに住むか,どのような職業を一生のものにするかといった意思決定のほとんどは,不確実性という条件のもとで行われます.ピエール=シモン・ラプラスは1814年に,次のように書いています.

> 人生における最も重要な問題は,大部分が,確率の問題にほかならない.(内井惣七訳,『確率の哲学的試論』,

岩波文庫，1997，8頁）

「この確率は…である」というフレーズが出てくるときにはつねに，いくつかの仮定が置かれています（その仮定がうっかり省略されてしまっていることもありますが）．これらの仮定が満たされていないなら，確率に関する主張にはほとんど信頼が置けないはずです．本書では，こういう仮定をはっきりと示す場合でも言外の含みにする場合でも，そのことが明確になっているようにしたいと思います．さて，確率に関する言明がどのように解釈できるかを見る前に，まず，確率に関する言明がなされる際，互いに異なる流儀があることについて記しておきましょう．

客観説

確率に関する「古典的」な考え方すなわち「客観的」な考え方は，運に大きく左右されるゲームをしている際に，よく使われるものです．例えば，さいころを振ったり，ルーレットを回したりするような場合です．これらの場合，まず，結果のリストのようなものがあります．それから，どの結果が実際に起こりやすいのかに関して論理的説明を見つけることができないという理由から，言いかえると均等性という理由から，すべての結果が同様に起こりやすいと考えます．そこで，まず結果の数を数え，それからすべての結果に対して同じ確率を割り当てます．そして，実験において任意の事象が起こる確率は，その事象が生じるような結果の「比率」に等しいと考えることになります．

例えば，コインを2回投げるとしましょう．表と裏の組み合わせで起こりうる結果は，表表，表裏，裏表，裏裏，の4つになります．コインが「偏りのない」ものであれば，コイン投げの1回1回で，表が出るか裏が出るかは，同様に起こりやすいことといえます．表表，表裏，裏表，裏裏の4つの結果のうち，ほかの結果よりも起こりやすいとか起こりにくいとかいうものは，一つもないはずです．つまり，それぞれの結果が起こる確率はすべて等しく1/4になるはずです．この4つの結果のうち3つで，表が少なくとも1回出ていますから，表が出るという事象の確率は3/4です．

　一組のトランプから札2枚を配るとき，あり得る組み合わせの数は，全部で1,326です（信じてくださいね）．トランプをよく切っておけば，この2枚の札の組み合わせの一つひとつが，すべて同様に起こりやすいことになります．そして，このうち64組は，エースと「絵札または10の札」（つまり，10，ジャック，クイーン，キングのいずれか）との組み合わせです．したがって，このような「ブラックジャック」とよばれる持ち札が配られる確率は64/1326で，5％をほんの少しだけ下回ることになります．

　確率について考える限りでは，上記の二つの例はいずれも，同じような玉の入った袋から一つの玉を選ぶという形で，定式化し直すこともできたかもしれません．一つ目の袋には4つの玉が入っていて，そのうち3つだけが赤玉です．二つ目の袋には，1,326個の玉が入っていて，そのうち64個だけが赤玉です．実際，確率に対する客観的なアプローチによれば，どんな例も，袋とか壺などから一つの玉を選び出す

ような問題と，本質的には同一になるのです（これで，学生用の教科書に，袋とか壺などを使った練習問題があふれかえっている理由が，おわかりいただけたでしょうか）.

ここで強調しておきたいのは，起こりうる結果の数を数え，そのうちいくつが当の事象に結びついているかを数えるだけでは十分ではない，ということです．どの結果も，ほかの何らかの結果に比べて，起こりやすいとか起こりにくいとかいえるような，説得力のある理由もまたまったくない，ということでなければなりません．そうでなければ，宝くじで特賞に当たる確率は50％，なぜなら宝くじでは当たるか当たらないかの二つの結果しかないから，と信じてしまうという罠にはまってしまうことでしょう！

実験に基づく証拠──頻度説

モノポリーのように家庭で行うゲームでも，クラップス（二つのさいころの出目に賭けるゲーム）のようにカジノで行うゲームでも，そこで使われるさいころが，6つの面が同じ頻度で出るものであることを，私たちは望んでいます．しかし，あるさいころが均一でない素材で作られているとか，幅・奥行・高さが異なるとかいう場合，すべての結果が同様に起こりやすいと仮定することは賢明ではありません．同じ条件でさいころ投げを繰り返せば，どの面の頻度も絶えず変動するものの，いつかは何らかの特定の値に近いところに落ち着くことでしょう．例えば，さいころを振って6の目が出るのが，最初の1,000回のうちでは20％で，次の1,000回のうちでは60％に急上昇する，ということはまず見られない

でしょう．実験を繰り返していけば，結果の起こりやすさはそれぞれ同じでないかもしれませんが，それぞれの結果は，ある特定の頻度で起こる傾向をもつことがわかります．「頻度説」に立つ人は，この頻度の値を結果の確率と考えます．

おそらく，不完全なさいころを繰り返し振ったとき，最初の1,000回では6の目が170回出て，次の1,000回では181回出て，等々，ということになるでしょう．こういう実験によって，6の目が出る確率の「正確」な値を，演繹的な形で導くことは，けっしてできません．しかし，得られるデータから推定値が求められます．しかも，データを収集すればするほど，よりよい推定値になることが期待できます．正確な確率を知ることができないからといって，その確率の存在が否定されるわけではありません．

一組のトランプをよく切った上で，そこから1枚の札を引く場合，スペード，ハート，ダイヤ，クラブという4つの「スーツ」のいずれかがほかよりも選ばれやすいと考える理由はなさそうです．いずれのスーツも客観確率は1/4になるでしょう．そして，引いたカードをもとに戻して，切り直して，1枚引くということを，100回繰り返せば，どのスーツもだいたい同じような頻度で現れると予想できます．この場合，だいたい25回ずつということになります．同様に，通常のさいころは，6つの面が同じくらい出やすくなるように作られていますから，1回振ったときに5の目が出る確率は，いつでも客観的には1/6になります．もし600回振ったとしたら，5の目が出るのは100回くらいと予想できます．

起こりやすさが互いに等しい結果で実験を頻繁に繰り返した場合，どの特定の結果でもその相対「頻度」は，客観的に計算されたその結果の確率とかなり一致すると予想されます．偏りのないコインであっても 100 回投げてちょうど 50 回表が出るということは滅多に起こりませんが，直観に頼っていては，推論によって予想されるはずの理想的な値にどのくらい近いのかがわからないのです．

　頻度という考え方は，同じ条件の下で同じ実験を繰り返すという場合だけでなく，もっと広い範囲のケースにも適用されています．例えば，今にも生まれそうな赤ちゃんがいるとすると，その子は男の子でしょうか，女の子でしょうか？この赤ちゃんの家族に関する特別な情報がまったくないのなら，長期間にわたって多くの国や地域から集めたデータに目を向けてみましょう．すると一貫したパターンが見られます．女の子 49 人に対して男の子が 51 人，というものです．この出産をほかのすべての出産と区別する特別な理由がこれといってないのであれば，頻度説をとる人は，男の子が生まれる確率を 51％ とするでしょう．

　これまでに，実験が大胆な規模で行われたこともあります．1894 年に，動物学者ラファエル・ウェルドンは，12 個のさいころ一組を，26,000 回超振った結果を報告しています．このデータは，6 つの面がすべて同様に出やすいという考え方とは一致しないものでした．5 や 6 の目がかなり出やすかったのです．ウェルドンが用いたさいころには，数字がわかるように，各面に小さな穴が掘られていました．5 の目と 6 の目の反対側は，それぞれ 2 の目と 1 の目です．これら

のさいころの重心は，数字の小さい目の面の方に近かったのでしょう．そう考えれば，5や6の目の出る頻度が多すぎるという観察結果は，いかにもありそうなことだったと説明できるでしょう．

その約70年後，凝り性で時間をもてあましていた男，ウィラード・ロウングコーは，ハーバード大学随一の統計学者フレデリック・モステラーのために尽力しました．ロウングコーは，モステラーの指示に従って，200個を超えるさいころを集め，それぞれ2,000回ずつ振って，出た目が偶数か奇数かだけを記録しました．データとなる値の数は400万を超えます．ロウングコーは，条件をできる限り同等に近くするために，机の上にカーペットを敷き，机の脇においた台に載って，さいころが高く跳ね上がるように投げました．ウェルドンが使ったような安価なさいころに関しては，小さいけれど明らかな偏りがあって，偶数の目が出やすかったのです．これもまた，穴の堀り方からまったく予想できないわけではないことでした．他方でラスベガスのカジノで使われているような精度の高いさいころでは，目の部分に色が軽く塗られているだけか，目の部分がきわめて薄い円盤で作られているかのいずれかでしたが，そのためか上述のような偏りはまったく見られませんでした．このような精度の高いさいころでは，それぞれの目が出る頻度は，結果の起こりやすさが等しいという古典的な考え方と矛盾しないものになりました．

ブラックジャックに造詣が深かったピーター・グリフィンは，ラスベガスで1,820回続けてプレーして，ディーラーに表向きに配られた札が10または絵札かエースだったのは

770回だったと，しかめっ面で指摘しました．このようなよい札が配られる客観的な確率は5/13です．そこでグリフィンは，自分がだまされたのかどうか，けげんに思ったのです．ランダムな確率に従っているのなら，ディーラーが10または絵札かエースを手に入れるのは，平均すれば700回にすぎないでしょうから．

2002年から2003年にかけての1年間で，アフリカ大陸南東部にあるマラウイ共和国で，5歳未満の子どもたち6,202人が肺炎の疑いで病院に収容されました．そのうち523人が亡くなり，死亡率は8.4％でした．この期間を除外して考えなければならないような特別な事情がまったくなかったとするならば，頻度説をとる人だったら，マラウイの幼児が肺炎にかかったときに死亡する確率は8％から9％の間くらいだという結論を出すことでしょう．しかし，客観的な観点からすると，マラウイの幼児が肺炎にかかったときに死亡する確率に関して一般的な形で述べるのは，たとえそれが証拠に基づいたものであろうとも，憶測にすぎないといえるでしょう．確実にいえるのはただ，もしまさにこの6,202人の子どもたちの中から一人がランダムに選ばれたとしたら，その子が死亡する確率は8.4％だろう，ということだけなのです．

頻度データと客観確率との関係については，本書の後の方でもまた，さらに検討することにしましょう．

主観的解釈

ブルーノ・デ・フィネッティは，確率論の領域で最も影響力のある思想家の一人でした．そんな彼が，次のようなこと

を書いています．

確率は存在しない！

彼は確率論の教授でしたので，自分が扱っている課題・科目を幻影であるとして捨て去っているわけではありません．むしろ，彼が退けたのは，「表が出る確率は1/2である」というような「絶対的」な主張です．フィネッティにしてみれば，確率に関する言明はどれも意見の表明にすぎず，その意見は一人ひとりの経験や知識に基づいたものであり，情報がさらに得られれば変わるものなのです．

以下の5つの主張を考えてみましょう．

(1) イングランドで行われる次回のクリケット・テストマッチ（国際クリケット優勝決定戦）で，イングランド・チームの主将は，コイントスで勝つだろう．
(2) 誰が来年のアカデミー賞主演男優賞に選ばれたとしても，その俳優は再来年もまたその賞に選ばれるだろう．
(3) オスロ生まれで，オリンピックのフェンシング競技で金メダルを取った人は，これまで誰もいない．
(4) 「幽閉の二王子」が死んだのは，リチャード三世のせいだ[*2]．
(5) もしラルフ・ネーダーが2000年のアメリカ合衆国大統領選挙に立候補していなかったなら，アル・ゴアが大統領に選ばれていただろう．

この5つの主張一つひとつに対して，自分の「確信度」あるいは「個人的確率」，「主観確率」を示すことができます．この主観確率は，0以上1以下の何らかの数字になるでしょう．いいかえると，主観確率は0％から100％までの間の百分率（両端の値も含む）になります．

　両端の値，0と1はそれぞれ，「ありえない」ことと「確実にある」ことを表します．例えば，今世紀の間にサッカーのワールドカップがアフリカの国で再び開催されることは確実だと，私は思っています．他方で，20歳未満の誰かがノーベル物理学賞を受賞することはありえないと私は考えています．

主観確率の評価

　上に挙げた5つの主張は，それぞれ性格が異なります．それぞれの主張に関する証拠の種類も異なります．(1)の主張に関しては，コインの表と裏が対称であることを引き合いに出すことができましょう．(2)に関しては，1929年以来のアカデミー賞の歴史を見れば，指針が得られます．以上二つの場合いずれも，言明が真であるかないかは有限な時間の間にわかるでしょう．(3)の主張は真か偽のいずれかですが，オリンピックの記録すべてに目を通せば，直ちにわかるでしょう．(4)も真か偽かのいずれかですが，それはけっしてわかりません．(5)の主張が真であるかないかを確かめるために，歴史をやり直すことはできません．

　後で具体的な例をいくつか挙げますが，その例を見れば，

主観確率がどのように評価されるかがはっきりとわかるでしょう．その具体例の話はさておき，少なくとも3つの互いに異なるアプローチがあります．一つ目は，主観確率を，事象が起こるだろうということに賭ける場合の「適正な賭け率」と考えるものです．しかし，これは誰にとってもうまくいくとは限りません．というのは，賭けに異議を唱えることを主義主張にしている人もいれば，損失につながるばかりかもしれない行為についてよく考えようとしない人もいるからです．

ある事象が起こることに対する信念の度合いを評価する方法の二つ目は，客観的アプローチを用いるものです．例えば，次の二つのうち，どちらがより好ましいと思うでしょうか．一つは，その事象が起こったら1,000円得られるというものです．もう一つは，よく切ってあるトランプ一組の一番上にあるカードの色が赤であるか黒であるか当てることができたら1,000円得られる，というものです．もし後者の方が好ましいと思うのでしたら，その事象が起こるという信念の度合いは50％未満になります．

ではその事象が起こるという信念の度合いが50％未満と仮定しましょう．今度は，次の二つを比較します．その事象が起こったら1,000円得るということと，ランダムに引いた札のスーツ（スペード，ハート，ダイヤ，クラブのいずれか）を当てることができたら1,000円得るということです．後者は，25％にあたる回数起こるはずです．そこで，このどちらが好ましいと思うかによって，信念の度合いが25％未満なのか，25％以上50％未満なのかがわかります．

以上のような方法にならって，もっと丹念に比較を続けていけば，どちらの選択肢ももう一方に対してより望ましいといえない状況にたどり着きます．そのとき，この事象が起こるという信念の度合いは，そのような状況に対応したトランプの札選びの客観的確率に近いものになるでしょう．52枚一組のトランプという，分数が扱いにくくなるものでなくむしろ，20個とか100個とかのまったく同じ玉が入った壺を使った方が，比較の対象となるさまざまな事象を具体的に示すのにはよいと考えられるかもしれません．

　このとき，適切な精度で表わすことが大事です．テニス選手のジョン・イスナーとニコラ・マユの2010年の試合（1回戦）は，ウィンブルドンの歴史上最も長いものになりました．計算してみると，この二人が翌年も1回戦で対戦することになる確率は，正確には285分の2です（なんと，実際，そういうことになったのですが！）．これはまるで「1％よりちょっと下」といった方がよいでしょう．しかし，SFテレビドラマ「スタートレック」のある回で，でミスター・スポックがカーク船長に，脱出できないオッズが「およそ7,824.7対1だ」といったのは，ちょっとばかげていましたね．

　三つ目の方法は，次のようなものです．適度な金額のお金を考えましょう．小さすぎて，まったく関心を引かないということがないように（例えば，1円）．大きすぎて，そんな金額を手にしたら自分の身の上に劇的な変化が生じてしまうということもないように（例えば，たいていの人にとっての2億円．これはビル・ゲイツにとってもかなり大きめの金額

第1章　確率論の基本

です）．私だったら，2,000円がぴったりです．これを「単位となる金額」とよぶことにしましょう．

さて，どういうわけか，「事象が真か偽かが明日になったら明らかになる」と仮定してみましょう．もし真であれば，この単位となる金額を受け取ることになります．しかし，偽であれば，受取額は0です．とはいえ，明日まで待たずとも，この単位となる金額に一定の比率pを掛けた金額を，今日中に受け取ることもできます（この金額を受け取るのが今日か明日かには，違いがないとしましょう）．

もしpが非常に小さければ，この金額の提案を拒否し，明日まで待ちたいと思うでしょう．もしpが1に近ければ，上述のような提案を受け入れるのももっともなことといえましょう．しかし，0と1の間に，上述のような金額の提案に乗るのと真か偽かが明らかになるのを待つのとが無差別になるような，pの値があるでしょう．このようなpの値こそ，まさにこの言明あるいは事象に関する信念の度合いを表しているのです．

私自身が，前述の (1) から (5) の主張に対して，主観的にどのように思っているか述べておきましょう．クリケットのコイントスで，一方のチームが他方よりも勝ちやすいはずだといえるような，筋の通った理由を思いつくことができません．したがって，(1) の主張に関する私の信念の度合いは，数字では50％で表せます．アカデミー賞の歴史を見ると，俳優に関する賞に限らずその他のカテゴリーの賞でも，2年続けての受賞ということが，これまでもときどきありました．おそらく，近頃は候補者の数も多くなってきているの

で，(2) の主張に関しては，控えめに，3％以下といっておきます．ノルウェー人はフェンシングで際立っているというわけではありませんが，フェンシングにはエペ，フルーレ，サーブルという種目があり，フェンシングは1896年（第1回）以来，夏のオリンピックの全大会で正式種目になっています．オスロ生まれの選手が勝ったこともあるかもしれません．しかし，そんなことはないと強く思っています．というわけで，(3) の主張に関しては，約95％という数字を示しておきます．私は白バラのヨーク家[*3]ゆかりの地ヨークシャーをひいきにしているので，客観的な証拠に基づくわけでなく，(4) の主張については10％という低めの数字にします．(5) の主張に関しては，各州の投票数を考慮し，またネイダーの得票数が全体の投票数のうちどれくらいの割合を占めることがいかにもありそうだったかを考えて，20％としておきます．

ここでちょっと，この5つの主張に対して自分自身がどう思うか，考えてみてください．問題が不確実なときに確率の評価がうまければうまいほど，人生において行う意思決定もより満足のいくものになるはずです．

オッズ

古典的アプローチをとるにせよ，頻度を用いるにせよ，さらに信念の度合いを用いるにせよ，確率を表すのに「オッズ」がよく使われます．偏りのないさいころを投げて6の目が出るオッズは，「5対1で不利」になります．さいころを投げ続けていけば，6の目が1回出るたびに，6以外の目が

5回出ると予想できるからです．例えばランキングの上位の方にいる選手がテニスの試合に勝つことのように，もしある結果が起こらないよりはむしろ起こることがありそうだと予想できるならば，その事象の「オッズは有利」であるといいます．

　確率とオッズは完全に対応しています．そこで，確率をオッズに変換することも，オッズを確率に変換することも，簡単にできます．頻度で考えるとわかりやすいでしょう．確率が20％，つまり1/5なら，その事象が5回に1回起こると予想できます．したがってオッズは，「4対1で不利」になります．確率が75％ならば，4回に3回はその事象が起こると予想できます．したがって，オッズは「3対1で有利」となります．オッズが「6対5で不利」であるなら，これはその事象が5回起こるたびに6回は起こってないということを示しています．つまり確率は5/11ということです．

　オッズを表すのに自然数にこだわる必要はありません．例えば，よく切った一組のトランプで，一番上の札がキングかクイーンである確率は2/13と考えてよいでしょう．これは「11対2で不利」といってもよいですが，「5.5対1で不利」といっても正確さに変わりはありません．お好きな方でどうぞ．

　「オッズが1対1である」という表現は，けっして用いられませんが，この表現が無意味というわけではありません．これはある事象が起こるか起こらないかがちょうど同じ頻度だと予想されることを表しています．つまり確率が1/2ということです．こういう表現を使わずに，感情を抑えて（有

利とか不利とかいわずに)、「オッズは五分五分だ」といいましょう．

未解決の問題

　確率の計算方法に関して，重大な意見の不一致などというものはまったくありません．しかし，上述した客観説，頻度説，主観的解釈という3つのアプローチのそれぞれを支持している人たちは，確率の値をそれぞれ異なる方法で推定しているといえましょう．それぞれの考え方にはそれぞれ特有の使われ方があります．どのようにすれば確率というものがうまく扱えるかを理解するために，いったいどの考え方が適切に見えるかに注目することにしましょう．

　客観的アプローチは，結果の数が有限で，すべての結果が同様に起こりやすいという状況にしか使えません．しかし，完全に対称性をもっているコインやさいころなどはありません．では，どのような根拠があれば，コインやさいころが不完全であることは関係ないと片付けることができるのでしょうか？　起こりうる結果の数に関してさえ，意見が一致すると確信をもっていえるでしょうか？　例を挙げましょう．ある壺の中に二つの玉が入っていて，両方とも白，両方とも黒，あるいは一方が白でもう一方が黒のいずれかである，としましょう．このとき，この（両方白，両方黒，白と黒という）「3つの」場合が同様に起こりやすい，と考えるべきなのでしょうか？　それとも，本当は白白，白黒，黒白，黒黒，という「4つの」結果が同様に起こりやすいと考えるべきなのでしょうか？　玉を順番に壺に入れるときのことを考

えると，白白，白黒，黒白，黒黒のいずれかになるのですから．見方が違えば，両方の玉が黒である確率に関する答えも違ってくるでしょう．もう一例挙げましょう．ある道路のジャンクションに出口が3つあって，そのうち二つがニュータウン方面行きで，残りの一つが海港方面行きとなっているとします．出口を「ランダムに選んだ」なら，海港を目指して進むことになる確率は1/3でしょうか？（3つの出口のうち一つですから）．それとも1/2でしょうか？（目的地二つのうち一つですから）．

　頻度説に立つ人は，同一の条件で無限回繰り返されるような状況を扱おうとします．結果の数は有限とは限りません．例えば，一つのコインを表が3回続けて出るまで投げること，あるいは棒のある一点をランダムに選ぶことを考えてみてください．しかし，どんなに注意しても，実験条件が同一であることは絶対にあり得ません．しかも，どんな極限値も推定値にすぎません．ではこの推定値の誤差を表すにはどうしたらよいのでしょうか？　誤差が2％未満である確率が少なくとも99％だと主張しようとすると，循環論法に陥ってしまいます．誤差の範囲を定めるためには，確率がいったいどんな値かを知っていなければならないからです！

　ある国がほかの国を侵略する確率だとか，ある特定の心臓移植手術が成功する確率などに関しては，いくつか問題があります．その状況が起こるのは1回限りです．起こりうるさまざまな結果を，同様に起こりやすい結果からなる有限なリストに落とし込むこともできません．これらのことに関しては，客観的アプローチでも頻度に基づくアプローチでも答え

が出せません．そこで，主観的アプローチが必要になるのです．

主観的アプローチをとる人は，自身のもっている複数の信念が整合的であることを保証しなければなりません．例えば，英国国営宝くじでは，機械によって，{1, 2, 3, ⋯, 49}という数字の中から6つの数字が選ばれます．宝くじ券に記入する数字を考えているスージーは，全部で1,400万くらいの数になる数字の組み合わせが，どれも同様に起こりやすいとみなすのにやぶさかではないかもしれません．ではここで，次のどちらが起こりやすいかと尋ねられたとしましょう．

(a) 44を越える数字はどれも選ばれない
(b) 連続した2つの数字を含んでいない

スージーは，ちょっと考えた後で，どちらか一方に心を決めるかもしれません．しかし，この二つの事象のうち「いずれか」を，他方よりも起こりやすいと選ぶなら，信念が整合的でないと責めを負うことになります．きちんと数えてみると，この二つのいずれも，ちょうど同じ数の組み合わせがあるからです！　主観的アプローチでは，このような不整合をどのようにして解決するべきか，示すことはまったくできません．このような不整合を解決しなければならないと明確に述べているにすぎないのです．

私たちは，同様に起こりやすい結果が有限だけれどもたくさんある場合だけでなく，それよりもっと一般的な状況で確率を考えたいと思っています．また，同じ条件で何度も繰り

返しが行えるわけではない状況でも、確率を考えたいと思っています。そこで、本書では、主観的アプローチをデフォルトのオプションとして考えることにしましょう。ただし、確率に関する評価が客観的アプローチに基づく議論か頻度説のアプローチに基づく議論のいずれかからも支持される場合には、その評価をさらに堅持することにしたいと思います。

確率をどう解釈するか

「袋に入った玉」のモデルを用いる観点からすると、何らかの事象の確率を、その袋の中にある赤玉の比率であるとみなすことができます。0という値が得られるのは赤玉が袋にまったく入っていないときに限ります。この場合、その事象はけっして起こらないでしょうから、同様に、1という確率は、袋の中のすべての玉が赤で、その事象がつねに起こることに対応しています。この0と1という値だけが、実験に基づく証拠によって確実に「間違っている」と証明できるものです。つまり、その事象が起こるのでしたら、その確率は0ではあり得ません。また、その事象がけっして起こらないのでしたら、その確率は1ではあり得ません。以上のことは、頻度に基づくアプローチをとる場合でも、主観的アプローチをとる場合でも、真なのです。そこで、この確率が0と1の中間にある値、例えば3/4であると仮定してみましょう。

最初にやっかいな問題を片付けておきましょう。たとえルーレット盤がこれまでにどれほどうまく設計されてきたとしても、数字のついたスロットすべてが「厳密に」同じ確率になるということは、物理的にあり得ません。カジノにとって

必要なのは，その確率が十分に理想に近くて，ある数字が選ばれるのがほかの数字よりも多かったり少なかったりするとは考えられない，ということです．同じようなことがさいころや，コイン，トランプの札についてもいえます．したがって，「確率は3/4である」というような言明は，もっぱら目的が実用的なものなら，その目的に照らして，その確率が3/4に十分に近いといっていることになるでしょう．そうでなければ，学者気取りのうぬぼれ屋が，矛盾を恐れもせずに，自分はその確率が3/4でないと「知っている」といいはるのを許すことになってしまいます．

　実験が繰り返される状況において，「取り出した玉が赤である確率は3/4である」というような主張から，どのようなことが導かれると予想できるでしょうか？　きっぱりといいましょう．この実験を（取り出した玉を1回1回もとに戻して）4回繰り返したならそのうちちょうど3回で赤玉を取り出すことになると予想できるわけではありません．4回繰り返して赤玉がまったく出ないこともあり得ます．逆に毎回赤玉であることもあり得ます．しかし，ずっと長くこの繰り返しを行っていけば，赤玉が出る頻度は全体として3/4に近くなるという予想が立ちます．

　どのくらいなら実験を長い間繰り返したことになるのかということに関しては，はっきりとした答えなどありません．どのくらい3/4に近ければ許容できるのかに関しても，はっきりとした答えなどありません．万一，最初の40回の繰り返しで20回しか赤玉が出なかったとしたら，取り出した球が赤である確率が3/4であるという主張を猛烈に疑って

かかるでしょう．しかし，もし次の 40 回で 28 回赤玉が出たら，この疑いもかなり緩和されることになるでしょう．この主張を信じるか信じないかが，かなり長い間，暫定的な見解のままであるということもあり得ます．とはいえ，実験の条件がずっと変わらないと仮定できるなら，得られたデータを全部使って，結論を出しましょう．ただし，短期的に見るだけでは迷うだけですからご注意を．

　ここで，いくつかの指針を示しておきましょう．それに納得のいく説明を与えるのは，後にしておきます．100 回繰り返しを行う場合を考えてみましょう．確率も中くらいで 1/2 に近いと仮定しましょう．この数字とデータから得られた実際の頻度との「差」を計算してみます．もしこの差が 0.1 を上回るならば，その確率に関する主張をちょっと疑いましょう．もしこの差が 0.15 を上回るならば，かなり疑いましょう．100 回でなく 1,000 回繰り返したなら，主張された数字と実際の頻度とがより近いものになると予想されるので，上にあげた数字をそれぞれ 0.03 と 0.05 に置き換えましょう．もし 10 ％とか 90 ％のように，0 や 1 に近い確率を仮定するなら，やはり主張された数字と実際の頻度がもっとよく一致することが求められます．実験の繰り返しに基づけば，ある確率がそれほど疑わしいものでないと確信することが，かなり容易になるかもしれません．

　主観的な評価に関してはどうでしょうか？　例えば，明日雨が降る確率は 60 ％であると主張するような場合です．今日の天候を 100 回作り直して，そのうち何回雨が降ったかをチェックすることはできません．このような「実験」は 1 回

限りしか行えないのです．しかし，主張されていることが生じるに至る過程が生成される様を調べることによって，上述のような主張をテストにかけることができるかもしれません．気象予報士や気象予報会社は，結論を出すのに，気象パターンのモデルを使っています．そして，たとえコンピュータのスクリーン上の数字が31.067％であるとしても，賢明にもまるめた数字を提示します．それで皆さんは「雨が降る確率は30％」と聞くことになるのです．さて，自分で別々の日のデータを集めて，経験的な証拠を調べることができます．昨年に雨の確率が30％とされた83日のうち，実際に雨が降ったのは何日だったでしょうか？　この比率がまあまあ30％に近い限りは，天気予報の方法に対する信頼が強化されます．その結果，「明日」に関して示された数字を受け入れることが，合理的な対応になるのです．

　確率は，不確実性という条件の下で意思決定を行う際に，鍵となる重要なものです．ある特定の事象や言明の確率が1であると本当に信じているなら，その事象が起こることが確定しているかのように行為すべきです．同様に，その確率が0であると本当に信じているのなら，それが起こることはけっしてないかのように行為すべきです．

　もし確率が0より大きく1より小さい何らかの数値になると考えているのなら，その事象がその比率に相当する回数起こると予想して行為すべきです．例えば，確率が60％と判断するなら，同じ状況に100回遭遇した場合，そのうち60回でこの事象が起こる（ただし，どの60回かはわかりません），40回では起こらない，と見当をつけましょう．感情を

抑えてぐっとつばを飲み込んで、このような比較を考慮に入れて、自分の行為を決めましょう。もし万一確率が80％だと判断したのなら、その事象が先ほどの場合よりもっと頻繁に起こると予想したのですから、行為もまた異なってきて当然です。

ジョセフ・バトラー主教は1736年に、『宗教の類比』の中で、次のように書いています。「私たちにとって、確率（蓋然性）はまさに人生の指針となるものである。」

（＊訳注1）ここで挙げられている3つの問題について、簡単に解説しておこう。詳細については、例えば、日本語で読める以下のような参考文献を参照のこと。

 Bennett, Deborah J. 1998. *Randomness*. Cambridge, Massachusetts: Harvard University Press. 『確率とデタラメの世界―偶然の数学はどのように進化したか―』、江原摩美訳、白揚社、2001. 特に198-206頁.

 神永正博、『直感を裏切る数学―「思い込み」にだまされない数学的思考法―』、講談社（ブルーバックス）、2014. 特に68-80頁、202-210頁.

 Vos Savant, Marilyn. 1996. *The Power of Logical Thinking: Easy Lessons in the Art of Reasoning ... and Hard Facts about its Absence in Our Lives*. New York: St. Martin's Press. 『気がつかなかった数字の罠―論理思考力トレーニング法―』、東方雅美訳、中央経済社、2002. 特に第1章.

(1) 誕生日問題（本書第5章、93頁を参照）

 集団の中で少なくとも二人が同じ誕生日である確率が0.5を上回るには、その集団の人数が何人以上でなければならないか。ただし、1年を365日とする。

 正解は23人である。直観よりも少ない人数だと思った人が多いのではないだろうか。

(2) 二人の子ども問題

 子どもが二人いるとわかった家族に、どういう状況でどういう質問をするかによって、二人とも女の子である確率が異なってくる（ただし、ここでは二人の子どもが一卵性双生児でないと仮定している。また、この問題での「確率」はすべて条件付確率であることにも注意）。

ケース1 質問：女の子はいますか？

　　　　　　回答：はい．
　　　　　このとき，子どもが二人とも女の子である確率は1/3である．
　　ケース2　質問：上の子は女の子ですか？
　　　　　　回答：はい．
　　　　　このとき，子どもが二人とも女の子である確率は，1/2である．
　　ケース3　この家族の一人が女の子を一人連れているのを見かけた際に，次のように質問する．
　　　　　　質問：あなたのお嬢さんですか？
　　　　　　回答：はい．
　　　　　このとき，子どもが二人とも女の子である確率は，1/2である．

(3) モンティ・ホール問題

　テレビのゲーム番組で，参加者が3つのドアから一つを選ぶことになっている．一つが当たりで，ドアの向こうには自動車がある．そのほかのドアははずれで，ドアの向こうにはヤギがいる．参加者は当たりと思うドア（例えば1番のドア）を指定する．司会者はすべてのドアの向こうに何があるかを知っているので，1番以外のドアのうち，ヤギのいるドア（例えば3番のドア）を開けて見せる．その後で，司会者は参加者に，「2番のドアに選びなおしますか？」と尋ねる．選ぶドアを変更することは，参加者にとって有利なことだろうか．

　正解は「有利」である．ドアの選択を変更すれば，自動車を手に入れる確率は2/3になる（1/3でも1/2でもない）．

(*訳注2) リチャード三世 (1452-1485) は，中世イングランドのヨーク朝の王（在位，1483-1485年）．リチャード三世が即位したとき，エドワード五世とヨーク公リチャードの兄弟がロンドン塔に幽閉されていたが，二人は謎の死を遂げた．リチャード三世がこの二人（「幽閉の二王子」）を殺害したといわれていたが，確たる証拠はなく，二人の死に関してはほかにも複数の説がある．

(*訳注3) ヨーク家は，1455年から1485年にイングランドで行われていた権力闘争である「薔薇戦争」において，一方の当事者となった王家の家系．「薔薇戦争」という名は，ヨーク家の記章が白バラで，もう一方のランカスター家の記章が赤バラであったといわれることに由来する．

第1章　確率論の基本

第2章
確率の計算

　確率に対しては，主観的・客観的・頻度論的アプローチがあると述べてきました．しかし，それ以外の見方もあります．例えば，確率をつねに数と結びつけなければならないのでしょうか？　ある確率は何かほかの確率よりも大きいとか，あることの確信度は別のことの確信度よりも強いとかいうだけで十分ではないでしょうか？　それから，必ず最初に自明な真理といえる公理群を示して，それに基づいて何らかの理論を打ち立てるべきものなのでしょうか？

　優秀な人たちが，信念の度合いに対するアプローチと客観確率に対するアプローチという，二つの異なるアプローチがあった方がよいと感じ，そう書いてきました．この二つとも論理の規則は同じで，矛盾を免れています．しかし，どのようにして確率の値を求めるのか，確率の値をどのように解釈するのかが，異なり得るのです．どんな理論も，等しく確からしい結果を伴う繰り返し実験に基づいた古典的な考え方と「矛盾しない」ものでなければなりません．そこで，そのような場合に焦点を絞り，確率の考え方が従うべき規則を探究してみましょう．

加法則

 よく切った一組のトランプから1枚の札を選ぶとしましょう．どの札も同じように選ばれやすいものと考えられます．そこで，例えばクラブの札を引く確率であれ，スペードの札を引く確率であれ，エースを引く確率であれ，どのような事象の確率も，その事象につながる可能性があるすべての結果の比率を計算することで求めることができます．では，どうしたら，そのような「二つの事象のうち一方だけが起こる確率」を求めることができるといえるのでしょうか？

 このような二つの事象に共通する結果がない場合，これらの事象は「互いに排反である」とか，「交わりがない」などといいます．「スペードの札を引く」という事象と「クラブの札を引く」という事象は互いに排反です．しかし，「クラブの札を引く」という事象と「エースの札を引く」という事象は排反ではありません．スペードのエースを引く場合はどちらにも当てはまるからです．二つの事象が互いに排反である場合，二つの事象のどちらかにいたる結果の総数は，それぞれの事象にいたる結果の数を別々に計算してその和を求めたものにちょうど等しくなります．したがって，次のようなシンプルな帰結が得られます．

> 二つの事象が「互いに排反」であれば，そのうちの少なくとも一つが起こる確率は，それぞれの事象が起こる確率の和に等しい．

 これが「加法則」です．古典的な考え方では，どんな実験においてもこの法則が成り立っていることが，はっきりとわ

かります．袋に入った玉の例を使ってみましょう．赤玉か青玉のいずれかの玉の数は，赤玉の数と青玉の数の和になります．さいころを振るとか，ルーレットを回すとか，繰り返し可能な実験においてはつねに，二つの互いに排反な事象の頻度の和は，当然，そのうちの少なくとも一つが起こる頻度に等しくなります．したがって，頻度論的アプローチも，加法則を受け入れていることになります．

　主観的アプローチをとる人でも，加法則を受け入れています．ここで，二つの互いに排反な事象をAとBとして，仮に加法則が成り立たないと仮定してみましょう．すると，主観的アプローチをとる人の目の前には，次の3つの賭けがあることになるでしょう．Aであることに対する賭け，Bであることに対する賭け，AかBのいずれか一方であることに対する賭け，です．主観的アプローチをとる人はまた，それぞれの賭けが適正なものであることも受け入れるとしましょう．ところが，この3つの賭けすべてに勝ったとしても，金銭的損失が出ることが確実なこともあり得るのです！　加法則が成り立てば，このような矛盾を避けることができるのです．

　加法則を事象が3つ以上の場合に拡張することもできます．ただし，どんな事象のペアにも共通の結果がない，すなわちペア単位で互いに排反である，と仮定します．このとき，ペア単位で互いに排反な事象がたとえ数え切れないほどたくさんあったとしても，その中の少なくとも一つが起こる確率は，個々の事象が起こる確率の和にちょうど等しくなります．しかし，ここで結果の数がもはや有限ではないとしま

しょう．例えば，通常のコインを，初めて表が出るまで繰り返し投げることを考えてみましょう．

　この実験で起こりうる結果のリストを作ると，{1, 2, 3, 4, …}（ただしそれぞれの結果が生じる確率は0ではない）という，終わりのないものになります．では，初めて表が出るまで偶数回コインを投げることになる確率はどうなるでしょうか？　この事象が起こるのは，{2, 4, 6, 8, …} という結果のうち任意のものが生じるときということになります．この結果それぞれに対応する確率を足し合わせれば，求めようとしている確率が計算できるといえるのでしょうか？

　この足し算に，数学的に難しいことは何もありません．しかし，このような足し算を実行することは，確率に関する古典的な考え方から外れています．古典的な考え方では，結果のリストが「有限」な場合しか扱わないからです．確率を計算する際，このような「終わりのないリスト」に対して加法則を適用すべきかどうかに関して，合意がとれているというわけではありません．適用すれば，適用しなかった場合に比べて，幅広い種類の事象の確率を計算できるといえます．このようなリストに対して加法則を適用することは，古典的な確率論にとって不可欠な要素などではないのですから，適用しなければ，一歩踏み出して隠れた罠にはまるということがないよう用心していることになるはずです．正解も不正解もないのです．

　私はプラグマティストなので，喜んで加法則の使い方をこのように拡張したいと思います．そうしたことによる帰結に居心地の悪さを感じたことは，これまでありません．このよ

うな立場は，大学の統計学の授業で使われているたいていの本で説明されていることの標準的な要素となっています．しかし，デ・フィネッティは慎重な考え方を採用して，このような拡張を避けました．ほかにも，デ・フィネッティと同じように感じた人たちがいます．

乗法則

通常のコインを投げるなら，表が出る確率も裏が出る確率も1/2だろうと正しく予想できます．トランプをよく切って，一番上の札が赤か黒かを予想すると，やはり赤の確率も黒の確率も1/2だろうと正しく予想できます．では，コインの裏表とトランプの札の色を同時に予想する場合，両方とも正しいのはどれくらいありそうなことなのでしょうか？

このような二重の実験を100回行ったと考えてみましょう．そのうちだいたい50回で，コインの裏表を正しくいい当てられると考えられます．このようにコインの裏表を正しく当てられた場合のうち半分で，トランプの札の色を正しくいい当てることができると考えられます．そうすると，コインの裏表と札の色の両方で当て推測が正しいのはだいたい25回ということになります．そこで，両方で当て推量が正しい確率として，25％すなわち1/4という数字を挙げるのが，賢明であるように思えます．このような二重の実験を行う場合，両方で正しい予想をする確率は，まさにそれぞれの確率を掛け合わせることによって得られるのです．

大きさも組成も同じ10個の玉に，0から9までの数字を付け，そのうちの一つを完全にランダムに選ぶとしましょ

う.「小さな」(つまり0から4までの) 数字が出てくることと,「大きな」(つまり5から9までの) 数字が出てくることは, 同様に起こりやすいといえます. この数字のうち5つが緑色で, 残りの5つが青色だったとすると, やはり, 緑か青かも同様に起こりやすいといえます. 色をいい当てようとする場合も, 数字の大きさをいい当てようとする場合も, 正しい確率はそれぞれ50%です. では, 取り出した玉の数字が小さくて緑の確率はどれくらいでしょうか？

　コインとトランプの札を用いた議論に習うと, 答えは1/4ということになりそうです. しかし, 少し考えてみると, 玉の色と数字の場合, これが正しいはずがありません. 10個の玉のうち小さい数字で緑なのが1/4ということは (2個半なので), ありえないからです！　何が正しい答えかは, どの数字が緑色に塗られているかによります. そこで, 1から5までの数字が緑で, 残りの数字が青だと仮定してみましょう.

　この場合, 10個の数字のうち小さくて緑色なのは4個 (1から4まで) なので, その確率は0.4です. しかし, 先ほどの問題と同様に, 2段階で考えて答えを出すこともできます. この実験を100回繰り返す場合, 小さい数字が出るのは50回です. 5つの小さい数字のうち緑は4つですので, 小さい数字が出た場合, そのうち4/5に当たる回数で, 緑だと予想できます. 結局, 緑色で小さい数字が出るのは40回なので, その確率はやはり0.4ということになります.

　コインとトランプの札の場合, コイン投げの結果はどんな札を引くかに何の影響も与えません. コイン投げで表が出た

と聞いても,赤の札を引く確率に対する考えは変わりません.この場合,第一の事象が起こったとしたときの,第二の事象の条件付確率は,第二の事象が起こる確率そのものに等しくなります.このようなとき,二つの事象は互いに「独立」であるといい,二つの事象が両方とも起こる確率はそれぞれの事象が起こる確率の積で表されます.

上述のような 10 個の玉の場合,両方の事象が起こる確率は,やはり積の形で表されます.ただし,掛け合わされるものが違います.一方はやはり一つの事象(ここでは小さい数字という事象)が起こる確率ですが,もう一方はその事象が起こったときに緑である条件付確率になります.つまり,コインとトランプの札の場合も 10 個の玉の場合も計算式の形は同じで,1 番目の事象の結果が 2 番目の事象の確率に影響を与えるか否かだけが異なっているのです.どちらの場合にも乗法則を使ってきました.これは次のように述べることができます.

> 二つの事象の両方が起こる確率は,1 番目の事象が起こる確率に,1 番目の事象が起こったという条件の下で 2 番目の事象が起こる条件付確率を掛けたものに等しい.

独 立

1 番目の事象が起こっても 2 番目の事象の確率に関する評価がまったく変わらない状況を表すのに,「独立」という言葉を使いました.このような形で確率の評価が変わることはないと仮定したときに,「2 番目の」事象が起きたことを知

ったとします．2番目の事象が起きたと知ったことによって，1番目の事象の確率に関する評価が変わるとはいえないのでしょうか？

変わるとはいえません．ある事象が起こっても起こらなくても別の事象の確率に違いがまったく生じないのであればつねに，後者の事象が起こったか否かによって前者の確率に違いはまったく生じません．二つの事象が独立であるというのは，いずれか一方の事象が起こったか否かによってもう一方の事象の確率に違いがまったく生じないということです．独立の場合，二つの事象の両方が起こる確率を求めるには，それぞれの確率を掛け合わせればよいのです．

互いにまったく関係ない事象は確かに独立です．例えばチュニスでの今日の雨とパリで次に生まれる子どもの性別は独立です．しかし，独立であることが自明でない場合もあります[*4]．ふつうの正六面体で偏りのないさいころを使って，「偶数の目が出る」という事象と，「3の倍数の目が出る」という事象を考えてみましょう．前者の確率は1/2で，後者の確率は1/3です．この二つの事象が同時に起こるのは，6の目が出る場合だけで，その確率は1/6です．1/2 × 1/3 = 1/6なので，この二つの事象はまさしく独立なのです．たとえ3の倍数の目が出たか否かがわかっても，偶数の目が出る確率は変わりません（逆もまた成り立ちます）．

同じ問題を，今度は，偏りのない正八面体あるいは十面体のさいころを使って考えてみましょう（十面体のさいころは，ねじれ双五角錐とよばれる形をしており，ゲームやギャンブルなどで使われることがあります）．正八面体の場合に

は各面に1から8までの数字が，十面体の場合には各面に1から10までの数字が付いているとします．計算してみると，この二つのさいころのうち一方では「偶数の目が出る」という事象と「3の倍数の目が出る」という事象が確かに独立なのに，もう一方では独立ではないことがわかるはずです（付録参照）．独立かどうかの直観は役に立ちますが，いつでもそれで十分というわけではありません．

　二つの事象が独立でないのに独立であると考えてしまうことは，確率を考える際によくある間違いの一つです．大学院の学生のうち，半分が女性，1/5が工学専攻だったとします．一人の学生をランダムに選ぶ場合，その学生が女性である確率は1/2，工学専攻である確率は1/5になります．しかるに，その学生が女性でかつ工学専攻である確率は，1/10よりもかなり小さいことでしょう．

互いに排反でない事象

　加法則は，二つの事象が互いに排反である場合に，そのうち少なくとも一つが起こる確率を求めるための方法を述べたものです．では，二つの事象が互いに排反でない場合はどうしたらよいのでしょうか？　例えば，トランプの札を1枚，ランダムに引くとします．スペードかエースかのいずれかである確率は，どうなるでしょうか？　スペードのエースは，この二つのカテゴリーのいずれにも該当します．したがって，スペードである確率とエースである確率とを単に足しただけだと，スペードのエースの札を2回数えたことになってしまいます．重複して数えた結果に関して補正をして，二つ

第2章　確率の計算　　35

の事象のうち少なくとも一つが起こる確率を求めるには,次のようにします.

> それぞれの確率を足して,そこから,二つの事象が同時に起こる確率を引く.

もちろん,二つの事象が互いに排反であれば,同時に起こることはあり得ませんので,この最後の項の値は0になり,もとの加法則と同じになります.

すでに示した二つの例を用いて,この考え方を確かめてみましょう.コインが表か裏かとトランプの札が赤か黒かを当て推量して,少なくとも一方をいい当てられる確率は,1/2 + 1/2 − 1/4 という計算になるので,3/4 になります.10 個の玉一つひとつに 0 から 9 までの数字を付け,1 から 5 までの数字が緑で残りの数字が青だとした例では,ランダムに選んだ玉の数字が小さいか緑かである確率は,1/2 + 1/2 − 0.4 = 0.6 です.

スペードの札かエースの札かを引く確率は,13/52 + 4/52 − 1/52 = 16/52 となります.これは,トランプの札 52 枚のうち,この条件を満たす札がちょうど 16 枚であることからも確かめられます.

この計算は,先に約分してしまわないように,という注意にもなっています.たしかに,13/52 は 1/4 に等しいですし,4/52 は 1/13 に等しくなります.しかし,1/4 と 1/13 を足し合わせるためには,通分してもとの分数に戻さなければならなくなります.しかも,例えば 5/13 のように扱いやすい分数を,0.38461538… という小数で近似しても,不格好

なだけで役に立つことはほとんどありません．

事象が3つ以上ある場合

　事象がたくさんあって，それらのうちのいくつかが起こっても起こらなくても，その他の事象が起こる確率に違いが見られないならばつねに，これらの事象は独立であることになります．この場合，乗法則は，これらの事象からどんなふうに事象の組を選んでも，その組に含まれるすべての事象が起こる確率はそれぞれの事象の確率の積で表される，という形で表現できます．

　では，3つ以上の事象があってそれらが互いに独立ではない場合，それらの事象がすべて起こる確率は，どのように計算したらよいのでしょうか？　例えば，ブリッジとかホイスト（4人が二人ずつ2チームに分かれて行うトランプのゲームの一種で，ブリッジの原型とされるもの）で，札をよく切って4人に同じ枚数ずつ配ることを例として，考えてみましょう．4人全員がエースを1枚ずつ持っている確率は，どうなるでしょうか？

　4つの事象を区別して考えましょう．アンがエースを1枚だけ持っている，ブライアンがエースを1枚だけ持っている，コリンがエースを1枚だけ持っている，デビーがエースを1枚だけ持っている，という4つです．この4つの事象が独立でないことは明らかです．4つの事象のうち3つが起こるのなら，残りの一つの事象は必ず起こるからです．求める確率は，次のように「3段階」で計算します．

　まず，アンが1枚だけエースを持っている確率を求めま

す．すべての可能な札の配られ方が等しく確からしい，と仮定して，数え上げを行います．つまり，可能な札の配られ方の総数を数え，それから，そのうちアンが1枚だけエースを持つことになるケースの数はいくつかを数えます．この確率は44％よりもちょっと低いという計算になります．これは本当です．

ここでアンが1枚だけエースを持っている（したがって残りの12枚の札はエース以外である）と仮定します．ほかの人に配られる札は，エース3枚とエース以外の札36枚になります．このうち13枚がランダムに，ブライアンに配られます．札の数は少なくなりましたが，同じように数え上げていくと，ブライアンが1枚だけエースを持つことになる確率は，46％よりもちょっとだけ高いことがわかります．ここで乗法則を適用すると，アンもブライアンも1枚だけエースを持っている確率は，すでに求めた二つの値の積になりますから，20％よりもちょっと高いことになります．

さて今度は，アンもブライアンも1枚だけエースを持っていると仮定します．コリンには，残りのエース2枚とエース以外の札24枚からランダムに，13枚の札が配られます．コリンが1枚だけエースを持つことになる確率は，52％であることがわかります．

最後の段階では，乗法則をもう一度適用して，この前の2段階で計算した確率を掛け合わせます．アンもブライアンもコリンも1枚だけエースを持っている確率は，10％よりほんの少しだけ高い値になります．この場合，デビーには残りの1枚のエースが必ず配られることになりますので，これが

求めていた答えです.

 この答えそれ自体が重要だというわけではありません.札の配られ方が完全にランダムだったとしても,エースが一人ひとりに1枚ずつ配られるという公平な結果は,なかなか起こりにくいことだとわかったとはいえますが,ここで用いた「方法」が普遍的なものだということが重要なのです.複数の事象がどれも起こる確率を求めるには,複数の段階に分けて考えます.1番目の事象が起こる確率を求め,1番目の事象が起こったと仮定して2番目の事象が起こる確率を求め,1番目と2番目の事象の両方が起こったと仮定して3番目の事象が起こる確率を求め,1番目から3番目までのすべての事象が起こったと仮定して4番目の事象が起こる確率を求め,等々.最後に,これらの値をすべて掛け合わせます.

 このような道筋で考えなければいけないことには,ほかにどのような例があるでしょうか? 旅程が3段階からなり,それぞれの段階で遅れがない確率を見極められるとします.しかしながら,どの段階も天候の影響を受けるでしょうし,また,ある段階での遅れによってほかの段階で遅れる確率も変わってしまうことでしょう.製造業では,一つの設備の安全性が,互いに独立でない形で作用するいくつかの構成要素をあてにしているといえるでしょう.例えば,同じ送水設備を使っていることもあります.点検を行ってきたのは同じ従業員で,その従業員が信頼できるような人でなく,点検自体も適切に行われていない,ということもあります.医療現場での処置に関しては,各段階でうまくいかないことが互いに独立であるか否かによって,その処置が全体としてうまくい

く確率に大きな違いが生じる場合もあります．

　複数の事象が独立であるのなら，そのすべての事象が起こる確率は，まさしく，それぞれの事象が起こる確率の積となります．しかし，この条件が満たされているという幸運なことはめったにありません．段階ごとに確率の評価を行うけれども，その作業が進むにつれて確率も変化する，というのがふつうです．

　3つ以上の事象の「少なくとも一つ」が起こる確率はどうなるのでしょうか？　加法則は，このケースに拡張して適用することができます．しかし，式が面倒なので，ここに書き出すことはしません．その計算法は，たくさんの事象がすべて起こる確率に関して乗法則を適用するときに示したのと同じ道筋に従います．つまり，一段階ずつ考えるのです．

　「互いに排反」といおうとして「独立」という言葉を使ってしまうことも，その逆をしてしまうことも，よくある間違いです．トランプの札1枚を選ぶ例を考えれば，このような間違いを避けるにはどうしたらよいかを理解するのに役立ちます．この例の場合，「スペードの札を選ぶ」という事象と「クラブの札を選ぶ」という事象は互いに排反ですが，独立ということはありません．もしいずれか一方の事象が起これば，もう一方の事象は起こりえず，両方の事象が起こる確率は0になるからです．同様に，「スペードの札を選ぶ」のと「エースの札を選ぶ」のは独立ですが（そうですよね），排反ではないことが明らかです．

　覚えておきましょう．加法則は少なくとも一つの事象が起こる確率を求めるために使います．乗法則はすべての事象が

起こる確率を求めるために使います.

数は実際には1, 2, 無限大, と数える, といわれることがあります. この警句がいおうとしているのは, 一つのケースを扱うことから二つのケースを扱うことに一歩進むことができるのであれば, それに比べると, そのあとで3つのケース, 4つのケース, 5つのケース, 等々に進むことは容易なことだ, ということです. このことは, 加法則にも乗法則にも当てはまります[*5].

計算の工夫

どんな事象も, 起こるか起こらないかのいずれかです. 確率もすべて, 事象が起こる場合と起こらない場合に割り当てられることになります. したがって, ある事象が「起こらない」確率がわかれば, その確率を100％から引くことによって, ある事象が起こる確率を導き出すことができます.

例えば, 偏りのないさいころを2回振って, 少なくとも1回は6の目が出る確率を求めてみましょう. どんな結果であれ, 1回目に出た目と2回目に出た目を組にして, (5, 2) とか (4, 4) とかいう形で表すことができます. このような結果はすべて同様に起こりやすいと考えます. さいころを1回振る場合には起こりうる結果が6つありますので, 2回振る場合には全部で $6 \times 6 = 36$ 個の結果があります. 1回目も2回目も6の目が出ないのなら, 当該の事象が「起こらない」ことになります. このような結果は, 全部で $5 \times 5 = 25$ 個あります. 1回目も2回目も6の目が出ない確率が25/36 ですので, さいころを2回振って少なくとも1回は6の目が出

る確率は 11/36 で，1/3 よりちょっと小さいことになります．

この例は，ブレーズ・パスカルとピエール・ド・フェルマーによって 1654 年に解かれた，賭けの問題の小規模版につながります．6 の目が少なくとも 1 回出ることが 1 回も出ないことよりも「起こりやすく」するには，何回さいころを振らなければならないのでしょうか？ つまり，6 の目が少なくとも 1 回出る確率が 0.5 よりも大きくなるためには，何回さいころを振らなければならないのでしょうか？ 2 回では十分でないことは，先ほど見たとおりです．

さいころを振る回数を 1 回増やすと，起こりうる結果の数は 6 倍になります．これに対して，6 の目が出ないという結果の数は，5 倍ずつ増えていきます．したがって，さいころを 3 回振ると，全部で 216 個の結果があり，そのうち（半分よりも多い）125 個が 6 の目が一度も出ないという結果です．3 回でも十分ではありません．しかし，さいころを 4 回振ると，結果の総数は 1,296 個になり，そのうち 6 の目が 1 回も出ない結果の数は 625 個になります．これは半分よりも少なくなります．つまり，6 の目が少なくとも 1 回出る結果の方が，6 の目が 1 回も出ない結果の数よりも多くなります．したがって，6 の目が少なくとも 1 回出る確率は，1 回も出ない確率よりも大きくなります．4 回で十分なのです．

パスカルとフェルマーが分析した実際のゲームでは，一つのさいころでなく，二つのさいころを同時に振ることになっています．そして，「二つとも 6 の目」が少なくとも 1 回は起こることがそうでないことよりも起こりやすくなるために

は，二つのさいころを何回同時に振らなければならないか，と問いかけています．解法は同じですが，そのままだと計算量は手に負えないほど大きくなります．今日では，パソコンや電卓を使えば，すぐに答えにたどり着けます．とはいえ，対数と計算尺が使えるようになって便利になったのは，ちょうど17世紀中のことでした．24回まで二つのさいころを同時に振っても，「二つとも6の目」が1回も出ないことの方が，起こりやすいのです．しかし，25回目で，どちらが起こりやすいかが変わります．

「このような事象が少なくとも1回起こる確率を求めよ」という形式の問題はほとんど，次の方法で，最もうまく解くことができます．そのような事象が1回も起こらない確率を求め，1から引けばよいのです．

（＊訳注4）コイン投げとトランプの札を引くことをするような場合に「独立試行」であるといい，さいころの目に関する二つの「事象」が独立であるような場合に「独立事象」とよんで，区別する場合がある．独立試行によって得られるそれぞれの事象が独立事象であることは自明であるが，そうでない事象が独立であるか否かは計算によって確認する必要がある．

（＊訳注5）任意の二つの事象に加法則が成り立つならば，数学的帰納法によって，任意の n 個の事象に関して加法則が成り立つことを証明できる．しかし，無限個の事象について加法則が成り立つとは限らない．

第2章 確率の計算

第3章
確率論小史

確率論の始まり

　1600年頃，フィレンツェで流行していたゲームは，通常のさいころ3つの目の合計に基づくものでした．3つとも1の目が出ていればその合計が3ですし，3つとも6の目が出ていれば18ですが，こういう結果はめったに起こりません．ほとんどの値は3から18までの範囲の真ん中あたりにあるのです．合計が9になる目の組が6種類あること（例えば，6＋2＋1や5＋2＋2など），合計が10になる目の組も6種類あることを，確かめてみてください．したがって，合計が9になることと10になることは同じ頻度で起こるはずだと，一般に信じられていたのです．しかし，このゲームに興じる人たちは，長い間，合計が9になるよりも10になる方が確かに多いことに気づいていたのです．彼らは「このことを説明してくれ」と，ガリレオに頼んだのでした．

　ガリレオは，数え方に重大な欠点があるのだと指摘しました．3つのさいころに，赤・緑・青で色をつけ，この順番で結果のリストを作ることにしましょう．3＋3＋3で合計が

9になるには，3つのさいころがどれも3の目になることが必要で，これは (3,3,3) の1通りしかありません．しかし，5＋2＋2で9になる組み合わせには，(5,2,2), (2,5,2), (2,2,5) の3通りがあり，3倍も起こりやすいことになります．さらに，6＋2＋1で合計が9になる組み合わせには，(6,2,1), (6,1,2), (2,6,1), (2,1,6), (1,6,2), (1,2,6) の6通りがあります．合計でいくつになる場合がどれくらい起こりやすいかをきちんと確かめるには，このようなことを考慮に入れなければなりません．実際，そうすれば，合計が9になる場合よりも10になる場合の方が多いことがわかるはずです（和が9となる場合の数は25で，和が10となる場合の数は27です）．フィレンツェで賭けに興じていた人たちは，正しく数えることを学ばねばならないという，非常に重要な教訓を得たのです．

1654年の夏，パリにいたパスカルとトゥールーズにいたフェルマーは，「分配問題」について，手紙のやりとりをしていました．スミスとジョーンズが，対戦を繰り返して，先に3回相手を破った方が最終的な勝者になる，ということに合意しているとしましょう．しかし，残念なことに，どうにもならない運命のいたずらで，2対1でスミスがジョーンズをリードしているときに，対戦をやめなければならなくなりました．この場合，賞金をどのように分けるべきなのでしょうか？

このような問題は，少なくとも150年の間，満足のいく解決もないまま，提起され続けてきたのでした．しかし，パスカルとフェルマーは，それぞれ独立に，解決に至る方法を見

つけました．それを用いれば，目標となる得点がいくつであっても，対戦をやめたときの得点がいくつであっても，賞金を「公平に」分けることができるのです．二人がとったアプローチは互いに異なるものでしたが，到達した結論は同じでした．そして二人とも，相手の才能のすばらしさを賞賛したのです．上述のような形で問題を限定した場合，3：1の比で賞金を分けるべきだということになります．つまり，スミスが賞金の3/4を受け取り，ジョーンズが1/4を受け取るべきだというのが答えになります．

パスカルとフェルマーの解法の要になっているのは，ゲームをしているプレーヤーが将来対戦した場合，二人とも相手を破るのは等しく確からしい（同様に起こりやすい），と仮定することです．このような仮定に基づいたゲームで起こりうる結果のうちいくつで，それぞれのプレーヤーが最終的に勝つかを数えます．そして，このそれぞれが勝つ数の比で賞金を分けるべきなのです．いいかえると，最後まで対戦を続けたと仮定して，それぞれのプレーヤーが勝つ「確率」を計算し，その比で賞金を分けるべきなのです．ここから，確率の体系的な研究が始まったのです．

この問題は，確率に対する客観的アプローチで解決されました．しかし，パスカルは，ほかの問題にも拡張して考えたのです．彼は，神の存在に関する賭けを持ち出しました．「神は存在するかしないかのいずれかである．理性によっては答えが出せない．ゲームは無限の彼方にある果てまで続いていて，そこで表か裏かが生じようとしている．あなたはどちらに賭けるか？」

パスカルの議論はこうです．もし神が存在するなら，信じるか信じないかの違いは，天国で無限の幸福を手に入れるか永遠に地獄に落とされているかの違いになる．もし神が存在しないのなら，信じるか信じないかによってこの世での経験にもたらされる違いは，ごくごく些細なものでしかない．したがって，不可知論者なら，神を信じる方を選ぶべきである．

このゲームでは，「表」が出る確率の値も「裏」が出る確率の値も，個人の自由意志による選択に任されています．対称性から導き出せるものでも，証拠を数えることによって引き出せるものでもありません．この意味で，パスカルは確率に対する主観的アプローチの先駆者でもあるのです．

スイスのベルヌーイ家

17世紀から18世紀の間に，バーゼル出身のベルヌーイ家の人たちは，確率論を含む数学の諸分野に重要な進展をもたらしました．ベルヌーイ家では，互いに競い合うことが刺激となっていました．一人が難問を提起すると，誰かがそれに答えを出し，最初にその難問を提起した人が解と思われたものに不備を見つけ，等々，という具合でした．

確率の計算法に対する初期の関心は大部分，運の要素が大きいゲームから生じたものでした．このようなゲームでは，さいころを振ることであれ，トランプの札を配ることであれ，コインを投げることであれ，基本的には同じ条件の下で，何らかの「実験」が繰り返し行われます．当時すでに，当然，疑問とされていたことは，ある結果が「観察される」

頻度はその「客観的」確率とどのような関係にあるか，ということです．

ヤコブ・ベルヌーイは，死後に刊行された著書『推論法』(1713) の中で，答えを出し，自身が考案した例を用いて精緻な説明を加えました．壺に入っている玉のうち 60% が白で，残りが黒だとします．一つの玉をランダムに取り出します．玉をもとに戻し，同じことを何回も何回も繰り返します．ベルヌーイが示したのは，少なくともこれを 25,550 回繰り返せば，白玉の比率が 58% から 62% の範囲の「外側」になること 1 回に対して，その比率がこの範囲の「内側」になることは少なくとも 1,000 回あるだろう，ということでした．形式張らないいい方をすれば，白玉が観察される（相対）頻度は，長い目で見れば，その客観確率に近くなることが圧倒的に起こりやすいのです．

同様の分析は，実験が同一条件の下で無限回繰り返されるのであれば，そして 1 回の結果がほかの回の結果にまったく影響を与えないのであれば，どんな実験に対してもあてはまります．どの場合でも，いくつかの結果が「成功」と表されて，その客観確率は一定の値 p となります．（この考え方には現在，「ベルヌーイ試行列」という名称が付けられています．）この p という値のまわりに，できる限り小さい区間を考えます．プラスマイナス 2% でも，プラスマイナス 1% でも，かまいません．それから，どのくらいの頻度で「成功」がこの区間の外側でなく内側にあるようにしたいか決めます．100 回でも，100 万回でも，何回でもかまいません．ベルヌーイの方法で示されたのは，実験が十分に多い回数繰り

返されるならば，このような要請がどのようなものであれつねに満たされうる，ということです．データが十分にあれば，観察された相対頻度が客観確率に，望みどおり近くなるのです．この主張は，「大数の法則」*6 として知られています．

確率論と数理統計学の発展を目指す国際学会が1975年に設立されたとき，ベルヌーイ家の名声を称えて，「ベルヌーイ協会」という名称を選びました．

アブラアム・ド・モアブル

ド・モアブルは，イングランドに亡命し定住したユグノー（フランスのカルヴァン主義改革派の信徒）で，チェスをしたり，確率に関する知識を教えたりして生計を立てていました．アイザック・ニュートンは，当時すでに50歳を越えていて，援助を当てにする人も多かったのですが，数学に関する質問が来ると，「ド・モアブル氏のところに行きなさい，これについては私よりよく知っているから」と，やんわりと断っていたのでした．ド・モアブルの『偶然論』の初版は1718年にイングランドで出版され，第2版は1738年に出版されました．この本には，ベルヌーイの業績からさらに前進した内容が書かれていました．彼の貢献の真価を理解するには，ちょっと具体的なことを考えるとよいでしょう．もし偏りのないさいころが1,000回振られたら，6の目が出る回数は，その平均的な頻度からどのくらい離れていると予想するのが，理にかなっているといえるのでしょうか？

ド・モアブルは，このような性質をもつ種々の問いに答え

る際に使える,簡潔な公式を編み出しました.彼のすばらしい洞察の一つは,6の目が実際に出る回数の,平均からの偏差を最もよく表すためには,両者の差とさいころを振った回数の「平方根」との比をとればよい,と理解したことでした.

　この発見の重要性は,強調してもしきれません.世論調査で,ある政党に対する支持率が40％だったと報告されるとき,次のような注意が付けられていることがしばしばあります.それは,この値は推定値にすぎないけれども,真の値が例えば38％から42％の範囲内にあることが「非常に確からしい」,というような注意です.このような範囲の幅によって,40％という最初の数値の精度がわかります.もし精度を高めたいなら,標本規模を大きくする必要があります.平方根をとるということは,精度を「2倍」にするためには,標本規模は「4倍」大きくしなければならないということです.ここには極度の収穫逓減の法則があるのです.2倍の成果を上げようとするには4倍もの費用が必要なのですから.

　ド・モアブルのアプローチは,次のように説明できます.偏りのないコインを20回投げて,何回表が出るかを見ます.ここで,表(Head)をHで,裏(Tail)をTで表すことにして,例えばHHHTH…HTHTのような長さ20の列がすべて同様に起こりやすいと考えます.20回のコイン投げを1試行として,100万くらいの試行を行うと,図1が描けます.この図で,縦棒の高さは,100万くらいの試行で得られた列のうちいくつで,表がちょうど0回,1回,2回,…,19回,20回になるかを表しています.それぞれの事象の確

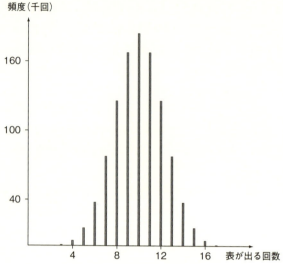

図1 コインを20回投げたときに表が出る回数の相対頻度

率は，この高さに比例します．ド・モアブルが示したのは，これらの縦棒の頂点を通る，なめらかで連続な曲線で，最もフィットがよいのものは，ある特定の形に非常に近くなる，ということでした．このような曲線は，今ではよく「正規分布」曲線とよばれています．

このような性質をもつ曲線は，コイン投げの回数が大きい場合に現れます．この回数が大きければ，表の出る確率が1/2でなくても現れます．これらの曲線すべての間には互いにシンプルな関係があります．そこで，ド・モアブルは，基本的な曲線一つだけに関する数表を作って，それをあらゆる場合に使うことができたのです．成功の頻度が取りうる値す

べてに対して，それがある一定の範囲にある回数の比率をよく推定する値が，いまや簡単に計算できるようになりました．必要なのは，成功の確率と実験が行われる回数だけです．さいころを200回振ったとき，6の目が出る回数が30から40までになることが，どれくらい起こりやすいのかがわかります．偏りのないコインを100回投げて，60回よりも多くの回数，表が出ることが，どれくらい起こりやすいかもわかります．大丈夫です．ド・モアブルが答えを出してくれています[*7]．

少なくとも50歳の誕生日を迎えることができた男性の集団について，全員の死亡年齢がわかっていると仮定しましょう．ド・モアブルが示したことを利用すれば，次のような問いに答えることができました．「50歳の男性一人が70歳になる前に死んでいるということが，70歳まで生きているということよりも起こりやすい場合，この集団に関して得られた値が生じることはどれくらい起こりやすいことなのか？」ド・モアブルの仕事は役に立つものでしたが，生まれつつあったばかりの生命保険業界で提起された，次のような重要な問いに答えたものではありませんでした．「ある50歳の男性が70歳になる前に死んでいるということが，70歳になるまで生きているということよりも起こりやすいと，どれくらい確信を持っていえそうか？」

逆確率

トマス・ベイズは，長老派教会の牧師で，数学に少し手を出しました．彼の考えは，彼が生きていた頃よりも，現在の

方が高く評価されています．彼が書いた，『偶然論における一問題を解くための試み』は，1764年，彼の死後3年経ってから出版されました．この著作によって，主観確率に対する一般的なアプローチが創始されました．そして，データから確率を推測することに関して保険計理士が抱えていた問題に取り組む方法が示されたのです．この著作にはまた，「ベイズの定理」（ベイズ・ルール）とよばれる，確率の計算に欠くことのできない方法も含まれていました．

ベイズ・ルールについて説明するために，偏りのないさいころを2回振ることを考えましょう．1回目に出た目が3だとすると，目の数の合計が8になる確率を計算するのは簡単です．これはまさに2回目に出る目が5である場合に起きることですから．ほとんどためらいなく，1/6という答えを出せます．しかし，問題を逆向きにして，次のようにしてみましょう．1回目と2回目の目の数の和が8だとします．1回目に3の目が出た確率はいくつでしょうか？　答えはずっと自明でなくなります．しかし，ベイズ・ルールを適用すれば，答えを出せます．さいころ投げの標準的なモデルの場合，その確率は1/5になります（1回目に出た目と2回目に出た目を組にして表すと，和が8になるのは (2,6), (3,5), (4,4), (5,3), (6,2) の5通りで，そのうち1回目に3の目が出るのは1通りしかありません）．

「逆確率」の考え方は，刑事訴訟でどのように証拠を考慮すべきか，という問題に取り組むにあたって，きわめて重要です．犯罪現場で見つかった指紋が，スミスという人物のものだと鑑定されたとしましょう．スミスが無罪であるなら，

このような証拠が見つかる確率は非常に低くなりそうです．しかし，問題は，「スミスが無罪だったとして，このような証拠が得られる確率はどれくらいか」ということではありません．法廷ではこのような判断はしないで済まされます．問題は，「このような証拠があったとして，スミスが無罪である確率はどれくらいか」ということなのです．ベイズ・ルールは，この答えを得るのに，唯一の信頼できる方法なのです．この後のいくつかの章で，賢明な意思決定をするのにベイズ・ルールがどのように役立つかを見ることにしましょう．

ベイズの洞察は長年，無視されてきましたが，彼は決定的に重要な問題を明らかにしたのです．それは，「さいころ振りのようなベルヌーイ試行列を繰り返したときに，成功の確率が未知であるけれども，試行の数と成功の数がそれぞれわかっている場合，この未知の確率がある特定の範囲内にあることがどのくらい起こりやすいか」，という問題です．ラプラスは，ベイズよりもずっと優れた数学者であったので，計算を実行して，ベイズを打ち負かすことができたのです．

ラプラスは，1774年に試みを始めてから，1812年に総合的な結論に至るまで，ずっと分析を向上させ続け，ベイズの問いに答えるための確固たる公式を示しました．例えば，パリでの男児の出生数と女児の出生数のデータを用いて，男児の出生確率の方が女児の出生確率よりも確かに大きい，という結論を導きました．ラプラスがいうには，これが誤りである確率は，およそ 10^{-42} なのです！

ベイズは，ロンドンのバンヒル墓地に埋葬されました．こ

第3章 確率論小史

こは英国王立統計協会の近くにあります．地下納骨所は修復され，世界中の統計学者からベイズに捧げられた物が展示されています．

中心極限定理

　ベルヌーイ試行列を続けた結果を，成功と失敗の列として書き表しましょう．成功（Success）をSで，失敗（Failure）をFで表すことにします．例えば，FFFSF FFSSF SFF…のように．ここで，Sを1という数字で，Fを0という数字で置き換えます．すると，00010 00110 100…というようになります．こうすると，この試行で成功の総数がいくつになるかをうまく考えることができます．これらの数字を全部足し合わせればよいのです（よろしいでしょうか？）．ド・モアブルは，いわゆる正規分布曲線を用いて，この和をとったものがどのように変化するかを近似的に記述したのです．

　私たちが考察したいと考えている量のうち膨大な数のものが，実際に，ランダムに変動する個々の値の「和」として現れてきます．例えば，廃棄物処理に責任をもつ地方機関の関心は，街全体での総量にあるのであって，各世帯から出るランダムな量それぞれにあるわけではありません．庭師がサヤインゲンやサヤエンドウの種をまくとき，関心があるのは総収穫量であって，一つひとつのさやの収穫量ではありません．カジノは金銭的な成功を勝ちの総数に基づいて判断するのであって，その判断は賭けをする一人ひとりの運命とは無関係です．関心のある事柄を，小さいランダムなものを多数合計したものとみなすことができれば，たいていの場合，よ

い結果が得られることでしょう．

　ラプラスはド・モアブルの仕事を，このような場合も扱えるように拡張しました．彼は「中心極限定理」を証明しました．これは，小さいランダムなものを多数合計したものは，幅広い範囲の状況で，かなりの近似の良さで，ド・モアブルのいう正規分布に合致するということを述べた定理です．個々の要素がどのように変動する傾向があるかを詳しく知る必要はありません．その「和」の変動の仕方（ばらつき方）は，正規分布の法則に厳密に従うのです．

　この考え方を使うのに必要なのは，二つの数だけです．一つは全体での平均的な量で，もう一つはその変動（ばらつき）を簡単な形で表したものです．この二つの数字があれば，ド・モアブルの数表から，どんな確率も求めることができます．

　カール・フリードリヒ・ガウスは，数学の天才の中でも最高の地位に置かれる人物です．その両脇には，ニュートンとアルキメデスがいることになりますが．ガウスは恒星や惑星の位置を観測する際に生じる誤差を扱う方法を探究しました．彼は，この誤差が平均して 0 になると述べました．観測値が真の値の左側にちょっと外れるのと右側にちょっと外れるのは，同様に起こりやすいからです．しかも，誤差の大きさはまたもや正規分布に従うのです．彼は数学的な簡潔さのためにこのような考えをとりましたが，ラプラスがガウスの本を読んだ際，この考えを自分がしていることと結びつけました．ラプラスは，観測における誤差の「和」はたくさんのランダムな要因が塊のようになって生じるので，そのような

誤差は正規分布の法則に従うはずだと論じました．「数学上の便宜」というガウスの苦しいいいわけは，「数学によれば以下のことを示せる」というラプラスのより説得力に満ちた言葉に置き換えられたのです．

　この分布を表すのに「正規（ノーマル）」という言葉が用いられているのは，適切とはいえません．この言葉を聞くと，まず，私たちが偶然に見つけるどんなデータもこの形式に従うと予想できるはずだと思ってしまいますが，これは事実とはまったく違うからです．このような含みをもたせないようにするために，そしてまた偉人を讃えるために，むしろ「ガウス分布」という別名を使うことにしましょう．自分が関心をもっているものが，変動する小さなもの多数の和をとったものであり，その小さなものの発生の間には関連がないとみなしても妥当であると自分にいい聞かせることができるのであれば，中心極限定理に基づいて，自分が関心をもっていることはガウス分布に従って変動すると予想できる，といえるのです．

　観測における誤差は本当にこのような法則に従うのでしょうか？　アンリ・ポアンカレは，数学の既存の全分野にわたって居心地の悪さを感じざるを得ない数学者でしたが，次のように述べています．「誰もがこのような法則があると信じている．それは，数学者がこの法則を観測（実験）に基づく事実と考えているからであり，観測者（実験家）がこの法則を数学上の定理と考えているからである．」[*8]

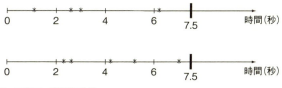

図2 アルファ粒子の放出

シメオン・ドニ・ポアソン

ポアソンの名は, その名前を冠した「ポアソン分布」で知られています (ここで「分布」というのは, 平均を中心にして, 確率がどのように変わるかを示したものです). その一例は, 物理学者アーネスト・ラザフォードが共同研究者とともに行った仕事に見られるものです. これは, 彼らが, 7.5秒という長さの間に, 放射線源からどれくらいの数のアルファ粒子が放出されるか数えているときに発見されました. この数は, 平均が4以下で, 0から12くらいの間で変動しました. 図2は, 典型的な実験結果二つを示したもので, この例では, アルファ粒子がそれぞれ4個と5個, 放出されています. ラザフォードは, アルファ粒子の放出がランダムに起きると予想しました.

7.5秒という時間を切り刻んで, 膨大な数の, 本当に小さい区間に分割しましょう. この区間は非常に小さいので, 二つ以上のアルファ粒子が放出される可能性を無視することができるとします. すると, ごくわずかの数の区間だけにただ一つのアルファ粒子の放出があり, それ以外のほとんどの区間には放出がまったくないことになります. この小さい区間のそれぞれの中で放出が起きたら「成功」とみなすことにす

ると，放出されたアルファ粒子の総数は，ちょうど「成功」の数になります．ここでまた，ベルヌーイ試行列になります．

本当に小さい区間の中では，成功の確率は結果的にその区間の長さに比例します．その結果，この区間の長さが小さくなると，区間の数は大きくなり，その区間の中で成功が起こる確率は減少します．ポアソンの考え方に従えば，この小さな区間の長さが小さくなって0になるときに，放出されるアルファ粒子の総数が0, 1, 2, …となる正確な確率が算出されます．

この「ポアソン分布」は，計数するものがどのようなものであれ「ランダム」に生じる場合に，少なくとも優れた近似として，頻繁に現れます．このデータはラザフォードのデータを表すのに適切なものでした．第2次世界大戦中にロンドン南部のさまざまな場所に着弾したロケット爆弾の数にも適合的なものです．一冊の本の中で1,000語からなるブロックのそれぞれに含まれる誤植の数のモデルとしても使えそうです．二組のトランプを同時にランダムによく切って，順に番号の面を上にして見たとき，平均してちょうど1回，二つの札が同じになります．しかし，同じ札が実際に何回現れるかは，ポアソン分布に非常に近い形でばらつきます．この分布のぞっとするような例は，何世代もの研究者がいやいやながら押しつけられてきたものですが，プロイセンの多数の騎兵隊で馬に蹴られて死んだ兵士の数を20年にわたって調べたデータによるものです．

以上の例はどれも，次のような点で同じパターンになりま

す．機会の数が多く，それぞれの機会で成功にあたる事象が起こる確率が非常に小さい，というパターンです．研究している現象がこの型にはまるならどんな場合でも，ポアソン分布のモデルが役に立ちそうです（これは，「ポアソンの少数の法則」とよばれています）．

ロシア学派

　数学の定理は，いくつかの前提が真であると仮定すると，望んでいた結論が導かれる，という形式をとります．主たる関心がその望んでいた結論を応用することにあるので，必要とされる前提があまりやっかいなものでなければ，きわめて有益です．その望んでいた結論が非常に限られた前提のもとでしか証明できないとか，その結論を証明するのに骨が折れる，とかいう場合もあります．後に続く人たちが，同じ前提を使うのにもっと容易な方法を見つけるとか，より制約の少ない条件で同じ結論に至るとかいうこともあります．最もよいのは，その結論が非常に緩やかな前提のもとで真であることが，エレガントで簡潔な論証によって証明できる場合です．理想的な例がチェビシェフ（1821–94）の業績です．

　チェビシェフは，大数の法則がいかに幅広い状況に応用できるかを示すのに貢献しました．この法則はもともとベルヌーイ試行列に関するもので，試行が繰り返される中で，成功の比率が成功の確率のいかによい推定値になるかを述べたものでした．軍隊に入ったばかりの兵士の平均身長を推定したい場合とか，家族を一週間養うのに必要な費用の平均値を推定したい場合には，当該の母集団から適切な標本を抽出すれ

ばそれが可能なことは、自明のように思われます。しかし、その推定値はどれくらいよい推定値になるのでしょうか？チェビシェフは、誤差が十分に小さくて推定値が信頼できる確率という考え方を示しました。

統計学のかなりの部分は、このような考え方の応用に依拠しています。

チェビシェフの教え子で最も有名なのは、アンドレイ・マルコフです。マルコフの教育によって、ロシアでは、才能にあふれた次の世代に活気がもたらされました。マルコフは、自分の考えを詩作や文学作品に応用しました。プーシキンの『エヴゲーニイ・オネーギン』に現れる母音と子音をそれぞれvとcで置き換えて、この二つの記号だけからなる列を生成させました。もともとのキリル文字のアルファベットでいうと、母音はこの小説のテキストの約43％を構成していました。母音の直後だとまた母音になるのは13％くらいにあたる回数でした。しかし、子音の直後だと母音が現れるのは66％にあたる回数でした。マルコフが発見したのは、次の記号がvになるかcになるかを予測するのに、現在の記号がわかっていれば、その前に現れる記号はほとんど役に立たないので事実上すべて無視できる、ということでした。

このような「無視してもよい」という性質は、種々の事例において成り立ちます。例えば、次のような例があります。賭けをする人の元手（持ち金）の値を順々に記録したもの。テルアビブの日々の天候（雨が降ったか降らなかったか）。客が一人行列を離れるごとに何度も測った行列の長さ。連続した世代の遺伝組成。連結された二つの容器の間での気体の

拡散．将来を予想したいと思っている列がランダムに変動し，その列の中で現在のことがわかればそれ以前のことを無視できる場合にはつねに，その列は「マルコフ性」をもっているといえます．このような列に関する理論は，いまや十分な発展を遂げ，それが基礎となって，確率という考え方の応用が数多く成功しています．

マルコフは政治の世界でも活動的でしたが，数学史に対する感覚も卓越していました．1913年，ロシア政府がロマノフ王朝300周年の祝典を準備していたときに，マルコフはベルヌーイが初めて大数の法則を発見してから200年になることを記念する行事でそれに対抗したのです．

ここで脇道に入って，20世紀初頭のフランス人，エミール・ボレルの仕事に触れます．ベルヌーイ試行列の場合の大数の法則を思い出しましょう．試行を多数繰り返せば，成功の実際の頻度が成功の確率に等しくなることが，圧倒的に起こりやすいのです．しかしここでは，無限回試行を繰り返す間に，成功の実際の頻度が，時として，成功の確率のまわりに事前に設定した任意の許容範囲の外側に出てしまう可能性については，未解決のままでした．ボレルの業績によって，この可能性は完全に打ち消されたのでした．このような許容範囲をどのようにとろうとも，時が来れば，それ以降は成功の頻度がこの範囲の「内側にずっととどまる」ことになるのです（その時がいつかはわかりませんが，確実に起こります）．このことは，大数の強法則として知られています．

大数の強法則は，より幅広い状況に拡張して使えます．大数の法則が教えることを，形式張らない言葉でまとめると，

第3章　確率論小史

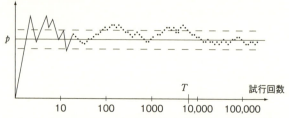

図3 大数の強法則の例．p は成功の確率，破線は許容範囲の限界を表す．T 回目の試行の後，成功の実際の頻度は許容範囲内にずっと収まっている．

次のようになります．

　　長い目で見れば，平均に至り，大きな変動がなくなる．

1924年，アレクサンドル・ヒンチンは，『重複対数の法則』というすばらしい名前の本を出版しました．それまでのベルヌーイやラプラスの仕事と同様に，この法則が，和の形で現れるランダムな量に応用される場合，その和が平均にどれくらい近いのかに関して，より正確な情報が得られるのです．

約300年の間，確率の計算法の進展は，アド・ホックな方法によってもたらされました．しかし，1933年，ロシアの傑出した科学者，アンドレイ・コルモゴロフがその頃に発展してきたばかりの「測度論」の考え方を十分に論理的な枠組みのもとに確率論に応用しました．それまで知られていたすべての定理が，コルモゴロフの設定に合うよう書き直されました．これにより，正確さがもたらされ，この正確さのおか

げで，それ以降の発展が促進されることになったのです*9．

コルモゴロフ，ヒンチン，そして二人の教え子だったボリス・グネジェンコはともに，ランダムな量の和に関するラプラスの仕事をはるかに拡張しました．彼らの動機付けになったのは，繊維産業などで用いられている機械の信頼性を増大させる方法や，生産ラインの品質管理，混雑によって引き起こされる問題でした．

コルモゴロフは，一流の研究者であり教育者でした．1987年に彼が死んだとき，当時のソビエト連邦大統領ミハエル・ゴルバチョフが，職務の日程調整をし直して，葬儀に出席できるようにしたほどです．

そして現代へ

戦争によって科学の進歩が引き起こされる，ということがしばしばあります．1939-1945年の第二次世界大戦では，オペレーションズ・リサーチが発展しました．その成功のかなりの部分は，確率の考え方を賢く使ったことによります．補給船が敵の潜水艦によって沈められるのを避ける確率を最大化しようとするなら，データと計算を組み合わせてみると，一隻で行くよりは護送船団方式がよい，護送船団も小規模よりは大規模の方がよい，という結論に至ります．この結論が実行に移されて，損害は劇的に小さくなりました．ブレッチリー・パークにおける暗号解読のあらましは，今日ではよく知られています．しかしながら，ベイズ・ルールを使って，エニグマというドイツの暗号機でローターがどのようにセットされているか知るのに最も見込みのある筋道がどれかを識

別していたことは、たいてい見逃されています。

1950年、ウィリアム・フェラーは確率に関するすばらしい入門書を上梓しました。これは1957年と1968年に改訂版が出ています。この本を、これまでに書かれたノンフィクションの本で最も優れたものと、推薦したいと思います。この本は、直観と厳密な議論を組み合わせ、直接的にも間接的にも、確率論に対する関心がめざましく増大していくようにいざなってくれます。フェラーの本から少し後に、ジョー・ドゥーブは「マルチンゲール」という言葉を使って、ランダムな量を集めたときに、おおざっぱにいうと将来のある時点における平均値が現在の値と同じになるようなことを表しました(「マルチンゲール」というのはもともと、賭けに「勝つための方法」のことで、それは負けて賭け金を失ったらそのたびに賭け金を2倍にするというものでした)。ドゥーブは、マルチンゲールの主要な性質の議論を詳しく展開するとともに、関連した考え方についても詳述しました。この仕事は多方面にわたって役立つものでした。実践的な関心の的になっているランダムな量を集めたもののうち、多くがこの理論的探究の範囲に含まれていることがわかったからです。本書の後の方で、確率の考え方が、さまざまな領域にまたがる形で、いかに応用され役に立っているか、実例で説明することにしましょう。

確率に関する専門学術誌が数多く創刊され、中には子孫にあたる雑誌を生み出すものもいくつか出てきました。出版に値するものが不足していると報告している雑誌はありません。現代のコンピュータの性能によって、確率を計算する環

境が変わってしまいました．コンピュータの速度と記憶装置の容量のおかげで，解ける問題の範囲がかなり大きくなりました．以前には，ほとんどの成果は，時間とか距離のようなただ一つの要因に確率が左右されており，それならたいていの場合，人間による正確な計算が可能だというようなケースに限定されてきました．しかしいまや，確率が時間や三次元空間やその他の要因とともに変化するような複雑な問題に取り組んで，成功を収めてきているのです．

そうはいっても，確率論の発展に対するコンピュータの影響で最たるものは，コミュニケーションが容易になったことだといってよいでしょう．$\TeX$という言語は，数学や科学について書くときの，まさしく標準的な準拠枠となっています．研究職にある人たちは，自分の考えやアイディアをインターネットに上げています．学術論文も，自宅からでも職場からでも，ウェブ上にあるものに容易にアクセスできます．

（*訳注6）これを「大数の弱法則」といって，後述する「大数の強法則」と区別することがある．強法則が成立していれば，当然，弱法則も成り立つが，逆は必ずしも成り立たない．

（*訳注7）二項分布を$B(n, p)$という記号で表す．これは例えば，表が出る確率がpであるようなコインをn回投げたとき，表が出る回数の分布である．ここでnが十分大きいとき，$(B(n, p) - np) / \sqrt{np(1-p)}$が標準正規分布で近似できる．偏りのないコイン（$p = 1/2$）のとき，本文中にあるように，$n = 20$程度でも十分正確に近似できるが，偏りがあるコインの場合（$p \neq 1/2$）はもっと大きなnが必要である．重要なのは，平方根$\sqrt{np(1-p)}$で正規化してある（割ってある）ことである．このために，ド・モアブルの定理により，ただ一つの正規分布曲線によって，試行回数や偏りに関係のない確率評価が可能になったのである．

（＊訳注8）この言葉はもともと「リップマン氏」が自分に語ったものだとポアンカレは書いている．この「リップマン氏」は，物理学者のガブリエル・リップマンのことである．

（＊訳注9）前述の大数の強法則や，第5章で紹介されるボレル－カンテリ補題は，コルモゴロフの確立した確率に関する公理群を用いて記述しないと，数学的に証明することができない．

第4章

確率を伴う実験

　結果が確率的であるような実験を考えてみましょう．宝くじを買うとか，馬券を買うとか，ブラインドデートに出かけるとか，治療を受けるとかなどなら，何でもかまいません．起こりうるすべての結果に，その確率を対応させたものを，「分布」といいます（機会の数が多い場合，まれにしか起こらない事象が何回起こるかを分析した，ポアソンのことを書いたときに，この言葉をさりげなく使いました）．

　確率を伴う実験をしたときに起こる結果の範囲と多様性を分析するにあたっては，「分布」が基本になります．起こりうる結果すべてをはっきりと知っておくことが必要です．その確率に具体的な数値を与えるためには，仮定を明確に述べなければなりません．その仮定は，研究しようとしている実験に対して適切なものでなければなりません．

離散分布

　まず，起こりうる結果のリストがあり，それぞれの結果に確率が与えられている場合を考えてみましょう．このような状況には，「離散分布」という言葉があてはまります．

最も簡単なケースは，結果の数を数えることができ，誰から見てもその確率が同様に確からしいはずだといえる場合です．これは「一様分布」とよばれます．確率が結果に対して一様に割り当てられるからです．この条件を満たしている実験はたくさんあります．ルーレット，さいころ投げ，トランプの札配り，宝くじの当選番号の決定，などです．正確に数えれば，適切な答えが得られます．

　すでに述べたように，「ベルヌーイ試行列」とは，時点間で成功の確率が一定であるような実験を続けて独立に行うことです．一定の数だけベルヌーイ試行列を行うと，「二項分布」の式が得られます．二項分布とは，成功の数がちょうど0, 1, 2, …である確率を示したものです．二項分布を表す式は，試行の数と成功の確率だけによって決まります．結果を成功の数の順に並べてみると，その確率は，初め増加して，最大値に達した後，減少します（ポアソン分布もこのパターンになります）．

　例えば次のようなものについて，二項分布を考えることができます．さいころを12回振ったときに6の目が出る数．ある学生が選択肢5つの問題30問のそれぞれでランダムに回答を選んだときの正解数．とはいえ，ブリッジに興じる人が持っている13枚の札のうち何枚がクラブかを考える場合，二項分布にはなりません．一枚一枚の札がクラブである確率は1/4ですが，順番にカードを配るのは独立といえないからです．次の1枚がクラブである確率は，それまでに生じた結果すべてに影響されるのです．

　細かいところまで，つねにしっかりと読みましょう．二項

分布であるためには，次の3つのことが必要です．試行の数が決まっていること，各試行は独立であること，成功の確率が一定であること，です．

ベルヌーイ試行列を繰り返したとき，5回目で初めて成功する確率はいくつでしょうか？ 5回目で初めて成功というのは，最初に4回失敗して，その直後に成功するということです．すべての試行が互いに独立なので，これらの結果それぞれの確率をすべて掛け合わせれば答えが出ます．こうすると，簡潔な式で表される「幾何分布」とよばれる分布が得られます．

ちょうど1回目，2回目，3回目，…に初めて成功する確率を並べると，ずっと減少していきます．いつでも，次の確率は，そのときまでの確率にもう1回失敗する確率を掛けたものになりますが，この失敗の確率は1よりも小さい値に決まっているからです．したがって，成功の確率がいくつであってもつねに，初めて成功する確率が最も高い試行回数は1回なのです！

クリケットで，投球を続けることがベルヌーイ試行列になると仮定しましょう（ともかく，そう考えることにします）．投手は，アウトをとることが成功と解釈していますが，次のように楽観的に考えることができます．イニングが始まって投球しようとするとき，次にアウトをとるのが最も起こりやすいのは，まさに次に投球するときである，と．逆に，同じような見方をする打者は，そのイニングが一球のみで終わることが最も起こりやすいということを，運命と思って受け入れなければなりません（記録を見ると，最も優秀な打者でさ

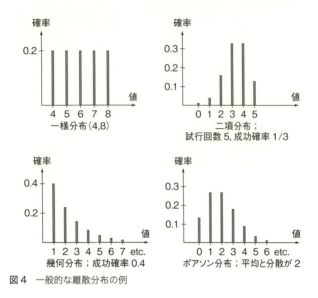

図4 一般的な離散分布の例

え,総得点が0ということが最も起こりやすいのがふつうです!).

図4に,一般的な離散分布の例を示しておきます.それぞれの値が生じる確率を,棒の高さで表しています.もちろん,この高さの合計はつねに1となります.

連続分布

確率に対する古典的な考え方をどのように拡張すれば,例えば,長さ80センチメートルの棒上で一点をランダムに選ぶという実験を扱うことができるようになるのでしょうか? ここでは,起こりうる結果が一列に並んでいるだけでなく,

連続体上にあります．

「ランダムに」というのは，どの点もすべて同じ確率で，ということです．しかし，この確率の値が0より大きかったなら，十分に多くの点をとったとき，その確率の合計は1を越えてしまいます．これはありえないことです．したがって，個々の点それぞれに対応する確率は，0でなければなりません．図4のような図は使えなくなります．個々の点に確率を割り当てるのでなく，確率を区間に割り当てる必要があるのです．

長さ80センチメートルの棒のどの部分も同じように扱うためには，長さが同じ区間は確率も等しくしなければなりません．この棒を切って8つの部分に分けるとしましょう．定義より，「ランダム」な点は同じ確率で当たるはずですから，例えば棒の端から測って20センチメートルから30センチメートルのところの部分の確率は1/8になるはずです．

図5aは，「面積が確率を表す」という言葉を唱えながら，どのように話を進めるかを示したものです．水平な線の高さhは，その線の下側にある，斜線で影を付けた領域の確率が1となるように選んでいます．これによって，ランダムな点が左端から0センチメートルから80センチメートルまでの区間に入るのが100％確実であることが表わされます．図5bは，32から52の区間の確率の計算法を示したものです．これもやはり，影の付いた領域の面積を計算します．答えは明らかで，1/4です．

ランダムに選んだ点が，棒の両端から10センチメートルのところか，中央から10センチメートルずつのところまで

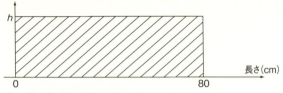
(a) 一様分布；影の部分の確率が1

(b) 一様分布；32から52の確率が1/4

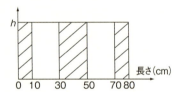
(c) 一様分布；本文を参照

図5 一様分布の例

の間にある確率を求めるには，図5cを使って，加法則を適用すればよいでしょう．その確率は，斜線で影を付けた3つの領域の面積を合計したもので，ちょうど1/2になります．

図6は，同じ考え方をほかの状況に適用するためのものです．ここでは，結果が連続的な値をとるものとしています．例えば，ある特定の高速道路で次の事故が起こるまでの時間を考えるとします．この例では図に示したような一般的な形

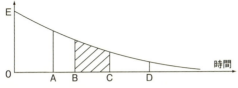

図6 連続分布の例（指数分布）

の曲線が理にかなっているのですが，それについては後で述べます．重要なのは，Eという点から始まる曲線よりも下で，かつ「時間」軸よりも上にある領域全体の面積が1となるように，目盛りを決めているということです．これは，次の事故が起こるまで待つ時間が非負の値をとることが100％確実だからです．

この時間がB以上C以下である確率は，斜線で影を付けた領域の面積に等しくなります．同様にして，待ち時間がどんな区間にある確率も求めることができます．さらに，加法則を用いれば，ランダムな点がもっと複雑な領域に入る確率を求めることができます．

このような形で確率計算ができる曲線を，「確率密度曲線」といいます．面積は「高さ×幅」で計算しますが，縦線となる場合はつねに幅が0です．例えば，図6の点Aにおける縦線や点Dにおける縦線なども，幅は0です．したがって，一つひとつの点に対応する確率は0です．しかし，確率密度曲線はAのところの方がDのところよりも高くなっていますから，Aの「近く」にある範囲の値の方がDの近くにある範囲の値よりも起こりやすいといえます．このような図を使えば，即座に，相対的に確率が高い領域がどこで相対

第4章　確率を伴う実験

的に確率が低い領域がどこかがわかります．このような図で表される分布を，「連続分布」とよびます．

連続分布の実験の場合，つねに，個々の点に対応した確率が0ですので，少しばかりいいかげんなことになる場合があります．区間の両端の値が区間に含まれる場合も，片方の端の値だけが区間に含まれる場合も，どちらの値も区間に含まれない場合も，確率は同じになるのです．

確率密度曲線であるためには，次の二つの性質を備えていなければなりません．一つは，負にならないということです．もう一つは，曲線の下にある領域全体の面積が1に等しいということです．この二つの性質を備えていることで，どんな確率の計算をしても，理にかなった値が得られるのです．

確率密度関数の中には，よく現れるので名前を付けるに値するものが，いくつもあります．ある区間において一点をランダムに選ぶ実験では，確率密度関数は，図5に示したように，その区間で横軸に完全に平行になります．明らかに，長さが等しい線分に対応する確率は等しくなります．ここでも「一様分布」という言葉を使います．

何か特別な事象が起こるまでの時間に関心があるとしましょう．例えば，鉛の不安定同位体 ^{210}Pb は，物理学の教科書には「半減期が22年」と書かれています．これは，この同位体がひとかたまりになっているものをとったとき，22年後にそのままなのは半分で，残りの半分は放射線放出によって崩壊してほかの物質になっている，という意味です．

この同位体のひとかたまりが，膨大な数の原子からできて

いて，一つひとつの原子は独立な振る舞いをすると仮定しましょう．そして，一つの原子に焦点を合わせましょう．この原子はランダムに決まる時点で，粒子を放出して崩壊します．崩壊がいつ起こるのかはわかりませんが，この同位体のひとかたまりに含まれる原子の半分が22年以内に崩壊するので，この「特定の」原子が22年以内に崩壊する確率は50％になります．この特定の原子が5年経っても崩壊していないとしましょう．この原子は，その時点で崩壊していない部分に含まれる原子の一つですから，さらにその時点から22年以内に崩壊する確率は，やはり50％です．この原子がその3年後に崩壊していなかったとした場合にも同じように考えることができ，それ以降も同じ理屈があてはまります．

このようなことが生じるのは，ある特定の原子が崩壊するまでのランダムな時間が「指数分布」に従う場合に限られることがわかります．指数分布の確率密度曲線の一般的な形は，図6のようになります．この曲線の高さは，一定の割合で下がっていきます．同じようなことが交通事故にもあてはまります．前の週に交通事故が1件も起こらなかったとしても，そのことがこれから先に事故が起こる確率に影響を与えることはなさそうです．そこで，交通事故が起こるまでの時間は指数分布に従うと考えることができるのです．

指数分布はポアソン分布と密接なつながりがあります．嵐のときの稲光であれ，生殖の際に自然発生的に起こる突然変異であれ，郵便局に客がやってくることであれ，ものごとがランダムに起こるときにはいつでも，その事象が一定時間のうちに生じる「回数」はポアソン分布に従います．これに対

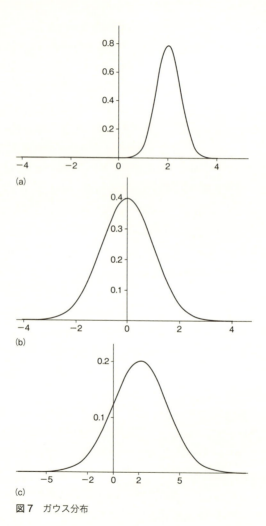

図7 ガウス分布

して，事象と事象との間の「待ち時間」は指数分布に従います．

連続分布で最も重要なのは，ガウス分布（正規分布）です．図7に示したように，この分布は，確率密度関数の値が最大になる一点を境に左右対称で，両端に近づくにつれ確率密度曲線の高さは0に近づきます．ただし，0に等しくはなりません．次の二つの数字があれば，具体的にどのような形のガウス分布になるかがわかります．一つは，確率密度関数の値が最大となる数字で，もう一つは広がり（ばらつき，散布度）を示す数字です．この広がりを示す数字が小さいと，図7aのように，高くて広がり方が小さいグラフになります．大きいと，図7cのように，低くて広がり方が大きいグラフになります．どんなガウス分布であっても，この二つの数字を使えば，確率の計算ができるようになります．この二つの数字を用いて，図7bのように，変数の値が0のときに確率密度関数の値が最大になるようにし，広がりを表す測度の値を1に標準化した分布に変換すればよいのです．ガウス分布に対応した数表は，ド・モアブルが初めて作成して以来，広く用いられています．

問題を解決する

問題に気付かれたかもしれません．考えられる結果が有限の場合であれ無限の場合であれ，{1, 2, 3, …}のようなリストになっているとします．このリストに挙げられている結果のうち，いくつかの確率が0であることがわかりました．確率が0の事象はけっして起こりません．しかしながら，「連

続分布」の場合，個々の点の確率は0であっても，実験が行われたならそのうちの一つの点が実際に生起することになります！　もはや「起こらない」ということと「確率が0」ということがまったく同じだとは考えられないのです．

矛盾がないようにするために，まったく同じ形の小さい玉が100万個入った箱からランダムに一つの玉を取り出すことを考えてみましょう．もし事前にどの玉が選ばれるか結果を正しくいい当てることができたのなら，正しくいい当てられる確率はわずか100万分の1のことですから，これは驚くべきことです．しかし，実際には，一つひとつの結果が生じる確率は100万分の1という小さいものであるにもかかわらず，どの玉が選ばれても私達が驚きを表すことはありません．

箱を大きくしていって，玉の数を10億とか，1兆とかにすれば，実際に起きる結果の確率を限りなく0に近づけることができます．しかし，その結果は実際に起きたことなのです．線分上の一点をランダムに選ぶのは，これとあまり変わりません．どの点に関しても，確率は0ですが，そのうち一つの点が実際に起きたことになるのです．

後の方でまた説明しますが，結果を正しくいい当てられる確率が1/6であるような実験を繰り返すことができる場合，ちょうど1回だけ正しくいい当てるために必要な実験回数は6回だと予期できます．同様にして，その確率が100万分の1ならば，ちょうど1回だけ正しくいい当てるために必要な実験の繰り返し回数は，100万回になると予期できます．この確率をさらに100万で割ると，その回数は100万倍になり

ます．確率が本当に小さくなっていけばいくほど，その結果は確かに起こるのですが，ますますめったに起こらなくなります．

確率がどんどん小さくなってついには0に近づくと，その結果が起こるまでの待ち時間はどんな有限の長さよりも長くなることが予期できます．これはまさに，その結果が起こらないかのように考えられるということです！（すでにこういういい方をしておきましたが）「確率が0の事象」は，どんなものであっても，起こらないかのように振る舞うことが合理的です．

平　均

確率を伴う実験の結果がどのように分布するかがわかれば，求めたい確率はどんなものでも計算できます．しかし，このような形で確率計算を行うのが困難な場合もあります．木々を見ているために森が見えない，というわけです．そこで，分布の主な特徴を見分けることができればと思うのです．

例えば，起こりうる結果が，2, 3, 7 だけで，その確率がそれぞれ 60％, 10％, 30％ であるとしましょう．この実験を100回繰り返したとすると，2という値が生じるのが60回くらい，3が10回くらい，7が30回くらい，と予想できます．値の合計は $120 + 30 + 210 = 360$ ですから，100回全体での平均は $360/100 = 3.6$ となります．この答えは，2, 3, 7という数値をそれぞれの確率で重み付けして平均をとったものになっています．

第4章　確率を伴う実験

どのような分布であっても，同じように計算していけば，実験を多数回繰り返したときの平均が得られます．平均を計算するのに簡単な方法がある場合もあります．ある一定の範囲で一様分布になっているなら，平均は両端の値のちょうど中点にあります．ベルヌーイ試行列を繰り返したときの成功の回数の平均は，試行回数と成功の確率とを掛けて求めることができます．

　偏りのないさいころを振る場合，4の目が出る確率は1/6です．したがってさいころを600回振ったとき，4の目が出る回数はだいたい100になるはずです．ここで簡単な計算をすれば，4の目が出てから次に4の目が出るまでの平均回数は，6だとわかります．確率の大きさが1/6であると，この「間隔」にあたる回数が6になるのは，偶然の一致でないことが明らかです．どんな「間隔」であれその回数は，まさしく次の成功までの待ち時間の長さとなります．そこで，ベルヌーイ試行を繰り返したときに，

　　成功までの平均待ち時間は，成功の確率の逆数である

という，ありがたい結果が得られます．

　連続分布の場合も考え方は同じです．ただし，重み付けをして和をとるのには，「積分」という数学の手法を使います．ガウス分布では，平均は確率密度関数の値が最も大きいところになります．指数分布は，ある特徴をもってランダムに起こる事象の待ち時間の分布に現れます[*10]．その平均待ち時間はその事象が一定時間に発生する相対頻度の逆数にちょうど等しくなりますが，これは驚くべきことではありません．

「平均」や「平均値」という代わりに「期待値」という用語も用います．偏りのないコインを12回投げたとき，表が出る回数の期待値は6です．偏りのないさいころを振ったときに出る目の期待値は3.5です．もちろん，コインを1回だけ投げたときに，裏が出る回数の期待値が0.5だからといって，裏の半分が出ると「期待」してはいけません．

　平均には都合のよいところがあります．複数の和の平均は，その和が独立なものであろうとなかろうと，つねに複数の平均の和になります．また，大数の法則が教えるところによると，長い目で見ると平均に至り，大きな変動がなくなります．例えば，代金が1ポンドの宝くじを買ったとしましょう．代金の総額の半分は運営団体の基金になるので，賞金の分布がどのようなものであれ，賞金の「平均」は50ペンスです．(非常に) 長い目で見れば，これが宝くじを買った人が実際に獲得するであろう金額になります．

変動（ばらつき）

　分布の変動（ばらつき）を表すのにも簡単な方法があると便利です．個々の値と平均との差を計算して，（適切な重み付けをした上で）平均をとればよいと思われるかもしれません．しかし，試しに計算してみればわかりますが，この方法ではだめです．正の値と負の値とが相殺し合って，答えがつねに0となってしまうからです．

　この差の値が正であっても負であっても，2乗すれば，正の値になります．そこで，この2乗した値の重み付け平均を使えば，ばらつきを表せるのではないかと考えられます．こ

れが「分散」とよばれるものです．分布が平均の近くに集中しているものならば，分散は小さくなります．平均から十分に離れた値が得られる確率がまあまあであれば，分散の値は大きくなります．

所得分布を考えてみましょう．ドル建てのデータを用います．データの値を2乗すると単位は「ドルの2乗」になります．これがどういう意味かはどうでもよいとしましょう．分散の平方根をとれば，測定単位はもとに戻ります．分散の平方根をとったものを，「標準偏差」とよびます．

平均と標準偏差を一緒に用いれば，確率分布の主な特徴があっという間にわかるので助かることが多いのです．特にガウス分布の場合，この二つの数字だけあれば，とにかくどんな確率を求めるにも十分です！ 確率分布がガウス分布の場合に役に立つ基準を示しておきましょう．平均から標準偏差一つ分離れた範囲内の結果が起こるのは，全体の約68％にあたる回数です．平均から標準偏差二つ分離れた範囲内の結果が起こる回数は，95％にあたる回数よりも大きくなります．平均から標準偏差3つ分離れた範囲の外にある結果が起こるのは，400回に1回しかありません．

第1章では，成功の確率と成功の実際の頻度とがどの程度一致するかを評価する際の指針を示しましたが，その基礎には平均と標準偏差があります．ここで重要なのは中心極限定理です．この定理によれば，ランダムに変動する値をたくさん集めて和をとったものとして表される量は，ガウス分布に近い分布に従うと考えられるのです．

図7では，ガウス分布の確率密度関数を，3つ示しまし

た．それぞれの平均は順に 2, 0, 2 で，標準偏差は順に 1/2, 1, 2 です．

ただし，気をつけてください．和の平均はつねに平均の和になりますが，このことは必ずしも分散や標準偏差にはあてはまりません．例えばラスベガスのカジノが 7 日間であげた利潤を 1 日ごとに見る場合のように，和をとろうとするものがたまたま独立であれば，7 日間全体での利潤の分散（和の分散）は確かに 1 日ごとの利潤の分散の和（個々の分散の和）になります．しかし，そうでない場合には，和の分散が個々の分散の和より大きいことも小さいこともあります．同様に，標準偏差を足し合わせても，理解可能な値になることはめったにありません．

極値分布

確率の応用では，主な関心が，ランダムに変動する量の最大値や最小値にある，ということもよくあります．例えば，より糸や太綱の強さは，最も弱い単繊維の特性によって決まります．水防にあたっては，今後 100 年間に予想される最大の高波を考慮しなければなりません．「生存分析」で考察の対象になるのは，一定の時間が経った後に，個体群のうちどれくらいの割合が残っているかです．極端な値をとる事象はめったに生じないといえますが，いったん生じた場合，その結果は重大なものになるのです．

最も単純ですが妥当なモデルは，複数のランダムな量が互いに独立で，ある一つの分布に従う，と仮定するものです．ある保険会社に対する，年ごとの支払い請求額を例にとりま

しょう．この会社の関心は，今後50年で，保険金請求額の最大値がどのくらいになるか予想することにあります．この問題に答えるのに大いに役に立つ数学的帰結があります．1年が終わるまでの間に請求額がどのように変動しようとも，長年の間に請求額の最大値がいくらになるかに関しては，3つのタイプの答えしかありません．請求額の最大値は極値分布として知られている分布になりますが，極値分布にはそれぞれフレシェ型，ガンベル型，ワイブル型という名前のついた3つのタイプの分布があります．最大値に関する何らかの定理があれば，最小値についても対応した帰結があるというのは，数学的に筋が通った原理です．それで，最小値に関心があっても，同じ結論が導かれるのです．

分布がどのようなものになりうるかについては，この3つの族に絞ることができるので，助かります．極値の平均と分散を推定し，データに最も合うような推定値を選ぶことによって，本当に極端で破壊的な事象が生じる確率に関しても，賢明な推定値を得ることができるのです．

（*訳注10）これは，ポアソン分布に従って発生するようなランダムな現象の場合である（例えば，コールセンターにおけるコールなど）．

第5章
確率を理解する

　確率の考え方が，不確実な状況での意思決定にどのように役立つかをお話しましょう．誤解が生じるのはどのような状況においてかについても述べます．

オッズとは？
　確率がオッズの形で表せ，オッズが確率の形で表せることを思い出してください．例えば，確率が1/5ということは，オッズが4対1で不利ということと同じです．残念なことに，「オッズ」という言葉は，ギャンブル業界がまったく違った意味で使うようになってしまっています．あなたの賭けた馬が勝ったときに胴元が支払う金額，という意味です．例えば，2009年のダービーでシーザスターズという馬が優勝するオッズは11対4でした．これは，この馬に4ポンド賭けるごとに11ポンドの儲けがあるということです．「11対4」という数字が，勝つ確率によって自動的に決まるというわけではありません．この数は，この馬が勝つ確率に対して胴元がどのような主観的評価をしているか，賭けをする人たちがどれくらいの金額を賭けるかによって決まるものでもあ

ります．「11 対 4」のような数に対しては，「払戻率」という言葉を使う方がより正確です．しかし，悲しむべきことに，賭けの話をするときには，「オッズ」という言葉の慣用を受け入れなければなりません．

払戻率が「適正」であるといわれるのは，賭けをする人たちにも胴元にも，金銭的利益がまったくない場合です．すなわち，賭けの期待値が 0 の場合です．トランプをよく切って 1 枚の札を引いたときに，それが特定のスーツの札であることに対する適正な払戻率は，3 対 1 です．これはちょうど，スーツを正しくいい当てることに対するオッズになっています．

営利的なギャンブルは，この意味で，適正ではありません．賭博場を経営する側に利益がなかったら，ギャンブルはけっして成り立たないからです．ルーレットには 37 の結果があり，それぞれの起こる確率は等しいのですが，英国の場合，一つの数字に賭けたときの払戻率は 35 対 1 で，36 対 1 という適正な数ではありません．37 ポンドの賭けがあったときの「平均」収益は 36 ポンドで，カジノの収益率は 1/37 すなわち約 2.7 ％ になります．

ルーレットでできる賭けに対してカジノの収益率を計算すると，たいていの賭けに関しては，やはりこの値になります．客が二つの数の組に賭けても，3 つの数の組に賭けても，4 個，6 個，12 個の数の組に賭けても，37 ポンドごとに，36 ポンドの収益があります．しかし，ラスベガスでは，カジノ側の利益はもっと大きいのです．ダブルゼロ（「00」）というスロットが一つ余分にあり，結果の数が 38 になるも

のの，払戻率は英国の場合と同じだからです．38ドルの賭けがあったときの平均収益はだいたい36ドルです．カジノの収益率は2/38すなわち5.3％になります．

競馬には，トート方式とかパリミューチュエル方式とかよばれるものもあります．この方式では，すべての馬に対する賭金がプールされた後，そのうち一定の割合（通常は80％など）が，勝った馬に賭けた人たちに，それぞれの賭金に比例した形で分配されます．胴元の収益率は，どの馬が勝とうとも，20％になります．

競馬の胴元の利益の大きさは，どの馬が勝つかによって変わります．一つひとつのレースでは胴元が勝ったり負けたりするというものの，最近のデータからは酔いが醒めるようなことがわかります．払戻率が6対4のとき，客は平均して賭金の約10％を失います．払戻率が5対1だとこれが約16％になります．10対1だと損失は23％を越えます．いちかばちかの冒険をして払戻率が50対1の賭けをすると，2/3を失います．

このような現象は，「本命－大穴バイアス」として知られています．より人気のある馬に賭けていく方が，払戻率の大きい大穴に賭けていく場合よりも，失う金額の変化の仕方が小さいのです．2009年のグランドナショナルで，モンモームが優勝したとき，払戻率は100対1だったので，胴元は大喜びでした．

絶対リスクか相対リスクか？

ある集団に属する人々の間で，今後5年間に結腸がんを患

う確率が1,000分の1と見積もられているとしましょう．1万人のうち約10人がこのがんにかかると予想できます．ここで，新薬ができて，この確率が2,000分の1まで小さくできるとしましょう．この薬を使えば，1万人のうち約5人だけが結腸がんに倒れることになるでしょう．製薬会社はこのことを，プレスリリースで，「がんのリスク50％削減」という見出しで報告できるかもしれません．確かに，これは正確な表現です．個々人にとってリスクは半分になるでしょうから．

これは，「相対リスク減少」アプローチとよばれます．これは，データを都合よく解釈しているとして，よく批判されます．当初のリスクが1,000万分の1だったとしましょう．これが50％小さくなると，2,000万分の1というリスクになります．しかし，いずれの場合でも，リスクが非常に小さいので，1万人のうち患者になる人数はほとんど同じで0とみなしてよいでしょう．リスクが半分になるとはいえ，この薬のおかげで違いが生じるとはほとんど考えられないのです．

しかし，この集団に属する人々がこのがんにかかる確率がもっと高く，例えば40％だったとしましょう．この確率を20％に減らせる薬があったなら，上述のような見出しを使うのが適切であるといえます．飛躍的な発展として歓迎されもするでしょう．1万人のうちこのがんにかかる人の数が，少なくとも2,000人減るのですから．

相対リスクに注目するよりも意味があるのは，絶対リスクの変化を見ることです．この節で最初に挙げた例では，絶対リスクは0.1％から0.05％に変化しました．0.05ポイント低

下したのです．2番目に挙げた例では，0.000005ポイントの低下です．これに対して，3番目の例では20ポイントと，目を見張る低下になります．

賢明なのは，この病気の患者一人を治すために薬を摂取する必要がある平均患者数も示すことです．これは，「治療必要数」とかNNTとよばれるものです．これは，絶対リスクの減少量の逆数なので，小さければ小さいほどよいといえます．上述の3つの例では，NNTはそれぞれ，2,000人，2,000万人，5人となります．

病気の患者一人を治すために2,000万人に処置を施すというのは，正当だとはとてもいえません．NNTに加えて，処置のコストや病気の影響も考慮すれば，医療のための資源を配分するにあたり賢い決定ができることでしょう．

きわめて小さい確率の和

たくさんの事象のそれぞれが生じる確率がいずれもきわめて小さいとして，それらのうち少なくとも一つが生じる確率はどれくらいでしょうか？ これは，(システムの崩壊のような)カタストロフィーが起きる確率を考える際に答えなければならない問題です．複雑なシステムや機械装置は，構成要素が一つでも故障すれば崩壊します．例えば，2機の飛行機は衝突するでしょうか？ 原子力発電所でメルトダウン(炉心溶融)が起こるでしょうか？ いわゆる「ボレル−カンテリ補題」[*11]が参考になります．それによると，重要なのは小さな確率の和です．これが際限なく大きくなっていくなら，カタストロフィーが起こることは確実です．

このことの帰結の一つは，安全水準の現状にけっして満足してはいけないということです．改善をし続けることが不可欠なのです．安全の水準がいくら高くても，どのひと月の間でも，失敗が起こる確率は 0 ではありません．そしてこの確率の値がどんなに小さくても，それが不変のままであれば（あるいは徐々に小さくなっていく場合であっても），たくさんの月に関して和をとると，その和は無限に大きくなり，災害がいつかは起こることになるのです．

　改善をし続けるという計画がしっかりと立てられていても，それで災害が回避できるという保証はありません．とはいえ，現状に終始満足しているということは，破滅を招くことなのです．

確率に関する誤解

（a）医者が患者にこう告げました．ある薬を服用したときに，不快な副作用が生じる確率は 30％である，と．これは，この薬を飲んだ患者のうち苦しい思いをする人は 30％と予想される，ということです．しかしながら，患者は，自分がその薬を飲むときのうち 30％でこの副作用が起こると思うかもしれません．医者は自分が診察しているすべての患者のことを考えているのに対し，患者は自分が薬を服用するときのことを考えています．医者と患者とでは（両者が考えている確率事象の）「参照クラス」が違うのです．

（b）テレビで気象予報士がいいました．「明日，シカゴで雨が降る確率は 30％です．」視聴者はどう解釈するでしょう

か？　気象予報士は，視聴者が頻度論的に解釈することを期待しています．長い目で見れば，気象条件が今に似ているときのうち 30 ％で翌日に雨が降るだろう，というわけです．

しかし，視聴者にどう解釈したかを尋ねると，「確率は 30 ％」といういい方を好ましく思っている人たちの間でさえ，考えに幅のあることがわかりました．シカゴ市内のうち 30 ％の部分で雨が降るだろうと理解した人たちもいます．明日一日のうち 30 ％の時間で雨が降るだろうと思った人たちもいます．さらに，気象学者のうち 30 ％が明日雨が降ると予想していると考えた人たちもいるのです！　少ないながら，明日は絶対に雨で，30 ％という数字は雨の強さを表しているという人たちもいました．気象予報士が注目している事象と，視聴者が考えている事象との間に，食い違いがいろいろとあったのです．

(c) 人をランダムに集めたとき，その数が 23 以上であれば，そのうちの二人の誕生日（日と月だけを問題にしている）が同じである確率が 50 ％以上になります．このことを初めて知った人は，ふつう驚きますが，正しく数えればこの主張が真だと証明できると納得してくれます．しかしながら，少数派であるとはいえ，納得してくれない人たちもいます．これは，この主張が，自分以外に 22 人の人を集めたらそのうち一人が自分自身と同じ誕生日である確率が 50 ％以上であると，誤って解釈しているからです．話をよく聞きましょう！

第 5 章　確率を理解する

(d) 偏りのないコインを9回続けて投げたとき，ずっと裏ばかりだったとしましょう．次にコインを投げればほぼ確実に表が出る，という人もいます．おそらく，「平均の法則」のようなものを引き合いに出し，裏が過剰に出ているときには表が出てそれを相殺しなければならない，と思っているからでしょう．しかし，そんな法則はありません．大数の法則によれば，確かに，表と裏の割合が等しくなりますが，それは「長い目で見たとき」だけです．長い目で見ると表と裏の割合が等しくなるのは，9回連続して裏ということが起こったとしても，それ以前にもそれ以後にも何千回もコインを投げていることで「希釈」されることになるからです．

10回連続して裏が出る確率はだいたい1,000分の1である，という人もいるでしょう（この主張は正しいものです）．このことから，9回連続して裏だったら，次に裏が出ることはきわめて起こりにくい，と「演繹」するかもしれません．しかし，この推論は正しくありません．これまで9回連続して裏が出ても，次に裏が出る確率は1/2です．この推論は，ある事象が起こる確率そのものと，一定条件の下での条件付確率とを混同しています．このような混同でよく知られている例は，1996年にアスコット競馬場で起きたことです．その日，最初のレースから6つめのレースまで，フランキー・デットーリが騎手になった馬はすべて一着になっていました．一日に7つのレースすべてで一着になった騎手は，それまでいませんでした．そのため，デットーリが最後のレースで一着になるのは「ほとんどありえない」はずでした．しかし，彼は一着になったのです．7つのレースからなる大会

で，最初のレースから6つめのレースまですべて一着になる騎手はごくわずかですが，そうなったとしたら，最後のレースでも一着になることは十分にありうるのです．

よく考えてみてください．自分は20個のことが起きる確率そのものを求めたいのだろうか，それとも1番目から19番目のことが起きたとして，20番目のことが起こる条件付確率を求めたいのだろうか，と．

(e) 新聞は，時間制限の厳しい中で作られます．そのため，ナンセンスなところのある記事があったとしても，驚くにあたりません．とはいえ，以下の3つの話のように，ボツにすべきだったものもあります．

スーパーマーケットで買った卵一パック，6個がすべて「黄身が二つ」だったら，本当にびっくりするような出来事が起きたといわれることでしょう．黄身が二つの卵は1,000個に一つです．したがって，一パックの卵全部がこのような卵である確率は，その確率を6乗したものになりますから，ものすごく小さい値になります．1秒に一パック開けていくとしたら，黄身が二つの卵しか入っていないパックを見つけるまでの時間の期待値は，300億年です！

しかし，この計算に意味があるのは，一パックになっている卵がすべて，膨大な数の卵を集めたものものから独立に選ばれていて，その膨大な数の卵のうち黄身が二つの割合が1,000分の1である場合だけです．こんなことはあり得ません．卵は，パックされる前に大きさで仕分けされています．「黄身が二つの卵だけ」というラベルのついているパックさ

えありますが…

　さて，イングランドのサッカーチームの主将の私生活に関する噂が持ち上がりました．監督が以下の4つのうちどの行為をとりそうか，その「見込み（確率）」を記者が数字で示しました．

　　競技メンバーからはずす —— 1/10
　　競技メンバーにとどめるが，自分から辞めるように促す —— 3/10
　　競技メンバーにとどめるが，主将の地位を解く —— 6/10
　　何もしない —— 8/10

この4つの確率の推測は，どれももっともらしいものです．しかし，この4つの行為は互いに排反なので，合計は1より大きくはならないはずです．ところが，上の数字を足し合わせると，1.8になってしまいます．

　もう一つ，こんな記事もありました．国営宝くじで5万ポンド以上の賞金を獲得した人で，名前が多いのは，ジョン，デヴィッド，マイケル，マーガレット，スーザン，パトリシアでした．ここまでは，まあよいでしょう．しかし，「それゆえこういう名前の人を，一緒に宝くじを買う仲間に加えるようにしてみるべきだ」と主張するのは笑止千万です．

わからなさを表現する

　トランプの札をよく切って，そこから1枚の札を引いたとき，その札の色が黒であるか赤であるかは，同じくらい起こりやすいことであると考えられます．そこで，赤である確率

に「1/2」という数字を与えます．少し複雑になりますが，赤い札を引くという確率につけた「分布」によって1/2という量に100％という数字が割り当てられた，ということもできるでしょう．この100％という数字を選んだことで，私の確信度が表されています．確率がある一定の値であることを確信している場合には，その値に対する確信度を表す確率を100％とします．

しかし，一つの値に絞れないこともよくあります．例えば，乗ろうとしている列車が接続に間に合わない確率の最もよい推定値が3/4に思えても，2/3とか4/5ということもそれに近いくらいありそうなことです．しかも，両端の0と1に近い値を完全に排除することができません．そこで，0から1までの範囲で連続分布を考えて，よくわからない確率に対して自分がどう感じるかを表しましょう．

確率がまったくわからないということは，めったにないことですが，図5のような連続一様分布で表せそうです．たいていの場合は，確率を最もよくいい当てていると思われる値が真ん中あたりにあって，それよりも大きい方の値や小さい方の値の確率は0に向かって小さくなっていくと，直観的に考えることができます．図8には，ベータ分布とよばれる一群の確率分布で，このような性質をもつもののグラフを，いくつか示しておきました．

図8aは，確率の値がちょっとよくわからない場合を表しています．このグラフでは，1/2に近い値に対して確信度が最も高くなるようにしています．しかし，1/5くらい小さい値も4/5くらい大きな値も，けっこうありそうだと考えて

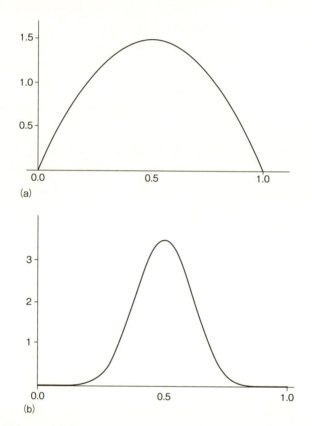

図8 ベータ分布

います．図8bでは，図8aに比べると，1/2に近い値であるという確信度がより高くなっていますが，両端に近い値の可能性も完全には排除していません．図8cでは，0.3に近い値

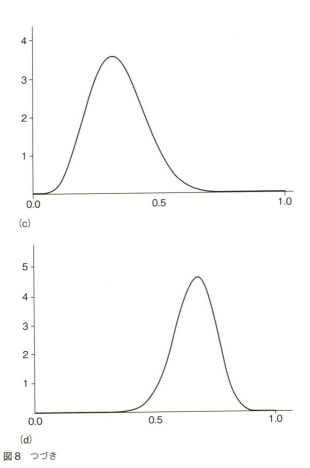

図8 つづき

で確信度が最も高くなります.図8dでは,2/3付近に集中した分布になっていて,1/2以下になることはほとんどないと予想できることを表しています.

10リットルのガソリンで，どのくらい遠くまで行けるでしょうか？　エンジンをよく暖めておいてスピードを一定に保つと，150 km くらいになると予想できます．しかし，何週間もかけて短い距離の移動を繰り返すとしたら，100 km くらいになりそうです．いずれの場合でも，距離には不確実なところがあるものの，それは何らかの連続分布を用いれば表現できます．どんな分布になるかを理解するために，ガソリンを 10 cc の小さなカップに分けて入れると考えてみましょう．カップは 1,000 個になり，一カップで走れる距離の和が総距離になります．ここで，中心極限定理を使います．この定理によると，たくさんのランダムな量の「和」はガウス分布に従う傾向があります．

　私なら，高速道路を一定の速度で走る場合には，平均が 150 で，分散が小さいことを表す高い山のガウス分布を選びたいと思います．繁華街をたまに走るような場合には，やはりガウス分布ですが，平均が 100 で，分散が大きいことを表すなだらかに裾の広がったものを選びたいと思います．

効　用

　苦境を救ってくれる妖精が，1回限りの話をもちかけてきました．200円あげましょうか．それとも，コインを投げて表か裏かいい当てられたら 2,000 円あげるけれども，いい当てられなかったら何もなし，という方がよいでしょうか．どちらを選びますか？

　これは，200 円確実に得ることを選ぶか，平均利得が 1,000 円で勝機五分の賭けを選ぶか，ということになります．

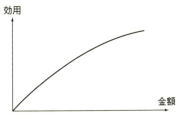

図9 効用関数の一般的な形

ほとんど全員が,後者の方がよいというでしょう.ここで,金額を100万倍にします.選好が,がらっと変わります.確実に2億円得る方が,0円か20億円か五分五分よりも,はるかに魅力的なのです.この変化の背後にあるのが,効用という概念です.

少額の場合,2倍にすれば,「価値」も2倍になります.しかし,2億円であなたや家族が一定レベルの喜びを得られたとして,金額を2倍にしても喜びは2倍にならないでしょう.金額の「価値」をどのような単位で測ろうとも,金額とその価値との関係は図9のグラフのようになります.強意の増加関数ですが,直線のような形で始まり,次第に増加率が小さくなっていきます.

「効用」の考え方を用いれば,家屋の所有者と保険会社が,5,000万円の価値がある家屋の火災・地盤沈下・洪水に対する保険料として,年に5万円という金額が相応であると合意できるのがなぜかを説明できます.これで保険会社がかなりの額を蓄えられるということは,保険会社が,どの家屋に関しても,その効用が上述のような相対的に小さな金額と同じ

であるかのように振る舞っているということになります．保険金を支払うことになる確率が1,000分の1より小さい限りは，この取引の期待値は正になり，利潤を上げることができます．これに対して，家屋の所有者は，保険に入っていないと，上述のような災害で家屋を失った場合に，5,000万円という金額に対応する桁外れの負の効用を得ることになりそうです．家屋の所有者は，このような可能性を取り除くために5万円を進んで支払うのは自分にとってもよい考えだ，と思うのです．

　テレビや電子レンジなどの故障に対して保険をかけるというアイディアは，どう考えてもだめです．家屋に比べて金額がかなり小さく，そもそも金額と効用とに違いがありません．保険会社にとって利潤が期待できるようにするためには，保険料を十分に高くしなければなりません．このような高額の保険料を支払うよりも，その金額を銀行に預金して，修理のための備えとした方がよいのです．こうしても，後悔する人はほとんどいないでしょう．

　自分の効用関数をうまく構成できれば，それを使って，不確実な状況の下で，取り得る行為の選択肢の中から選択をすることができます．まず，それぞれの選択肢に関して，起こりうる結果の「期待効用」を計算しましょう．つまり，効用をその確率で重み付けした値を計算しましょう．それから，この期待効用をできる限り大きくするような行為を選べばよいのです．

　これが，どんな状況であれ，とりうる選択肢の中から最善のものを選ぶために，確率論がお教えできる，万能の秘法で

す．

　(＊訳注11) ボレル−カンテリ補題には第1補題と第2補題とがある．ここで述べられている補題は第2補題の方である．ただし，正しくは，事象列が独立であるか，少なくとも他の付帯条件を課す必要がある（第1補題の方には付帯的条件は不要である）．また，これらの補題の証明には，コルモゴロフによる確率の公理群（特にいわゆる可算加法則）を仮定する必要がある．

第6章

ゲームと確率

　娯楽としてのゲームには，多くの場合，スキルの要素と確率の要素とがあります．スキルはいつも当てにできるのに対し，確率の方はまさに運の問題です．ここで取り上げる「ゲーム」はどれも，有限な結果のリストがあって，それぞれの結果は等しく起こりやすいものと考えてよいでしょう．そこでこの章では，特に断りがない限り，古典的な考え方を使って確率を求めましょう．起こりうる結果の数を数え，任意の事象が起こるような結果の割合を求めて，その事象が起こる確率とするのです．

　確率をこのように考えるなら，ゲームをする人たちが不確実な状況の下でよい意思決定をするのにどれだけ役立ちうるかを示したいと思います．見物する人たちも，確率を理解すれば，より楽しめることでしょう．

宝くじ（6/49 形式）

　宝くじでよく使われる形式の一つに，6/49 というものがあります．これは，英国の国営宝くじでも採用されています．ゴムでできた 49 個の玉があり，それぞれには互いに異

なる数字が書かれています．これらの玉をプラスチック製のたらいに入れてよくかき混ぜてから，ランダムに6つ選び出します．賭けをする人は1ポンド払って，数字を6つ選びます．選んだ6つの数字に，当たりとなる数字のうち少なくとも3つが含まれていれば，賞金がもらえます．しかし，売上高のうち賞金に回るのは50％だけなので，平均獲得金額は，ルーレットや競馬の場合よりも，はるかに小さくなります．

この形式の宝くじに人が惹きつけられるのは，主に，莫大な額の賞金が得られる見込みが，どれだけ微々たるものであろうとも，存在するからです．宝くじ券を1枚買えば，英国の国営宝くじだと2,200万ポンドに，米国だと3億ドルを超える賞金額になることがあります．場合を数え上げれば，1枚買って，すべての数字が一致して，最高額が当たる確率は，英国国営宝くじだと約1,400万分の1，ユーロミリオンズだと約1億1600万分の1，米国のメガ・ミリオンズだと約1億7600万分の1であることがわかります．

これらの確率がどれだけ小さいかよく理解するために，英国国営宝くじに話を絞りましょう．ランダムに選んだ40歳の男性が1年以内に死亡する確率が約1,000分の1であるといわれています．この人が1日以内に死亡する確率は約36万5000分の1になります．1時間以内に死亡する確率だと約900万分の1です．したがって，1,400万分の1というのは，この人がこれから35分以内に死亡する確率ということになるのです！　メガ・ミリオンズの場合，同じ仮定を使って計算すると，大当たりで「ジャックポット」とよばれる最高金額を獲得する確率は，これから3分以内にこの人が死亡

する確率とほぼ等しくなります．

　純益が小さくオッズも厳しいものであるとはいえ,「効用」を考えれば，宝くじを買うことを合理的に説明できます．1ポンドと引き替えに，ともかくも平均して50ペンス取り戻すことができます．差額の50ペンスで将来贅沢な暮らしができるという夢が買えます．その50ペンスを慈善に使うこともできれば，私のようにお金の無駄遣いだと断言した人からの妬みに蓋をするために使うこともできます．このようなことには確かに効用があります．

　将来のくじの結果が過去のくじの結果から独立であると仮定しましょう．無生物であるゴムの玉は，まさに「選ばれるはず」であるか否かを「覚えている」ことはできないからです．いかさまがあれば別ですが，賞金を得る確率を変えることはけっしてできません．しかし，各賞の賞金がその当選者の間で均等に分配されるような宝くじの場合，どの賞であれ獲得する額に影響を与えることが「可能」です．ちょっとばかりスキルを発揮する機会があるのです．

　このようなことが起こるのは，典型的には（生年月日を使った場合のように）小さい方の数だとか奇数だとかになりますが，人がある種の数をほかの数に比べて選びやすいからです．また，宝くじを買う人の中には，1枚の（マークシート方式の）券で，マークした箇所が均等に散らばっているようにする人が多いからでもあります．こうするのは，数字を「ランダム」に選びたいからかもしれませんが，その考えは誤っています．結果的に，大きい方の数だとか，マークする箇所がひとまとまりになるような数の組み合わせだとか，券

の縁にあたる位置に置かれた数は，あまり選ばないことになります．宝くじを買うほかの人たちが，どんな数を選ぼうとしているのか，見極めることができるなら，「それとは違ったこと」をすればよいのです．そうしても当選する確率を変えることはできませんが，当選した場合に，平均以上の賞金額を得ることができるのです．

　ただし，「ほかの人は誰もこんなことを考えないだろう」と思えることを根拠にして，ずる賢く立ち回ろうとしすぎることには注意してください．例えば，{1, 2, 3, 4, 5, 6}を選んだり，前回の宝くじで当たりとなった数の組み合わせを選んだりしてはいけません．ほかの人の中には同じように考える人がいるのです．英国の国営宝くじが始まったとき，約1万人が1から6までの数を選びました．2009年9月にはブルガリアの宝くじで，2回連続して同じ組み合わせの数が当たりになりました．その数の組み合わせを1回目に選んだ人は一人もいませんでしたが，2回目には18人がその組み合わせを選んだのです．

　英国国営宝くじのような6/49形式の場合，ほかの人たちが以前と同じような性質の数を書き続けるとするならば，以下のような方法を使うと有利です．トランプ一組の札52枚から3枚除きます．残り49枚に1から49までの通し番号を振り，よく切ってから，6枚選びます．こうすれば6つの数をランダムに選べます．人間はこの種の道具の助けがなければ，ランダムに選ぶことができないのです．

　以下の条件をすべて満たしていれば，この6つの数を使います．

(a) 合計が 177 以上になる（大きい方の数に偏るようにするため）
　(b) マークしたときに，2つ以上5つ以下のかたまりを成している
　(c) 3つ以上5つ以下の数が，券の縁にあたる位置に置かれたものである
　(d) マークした箇所が，何か一目瞭然なパターンとなっているわけではない

　この4つの条件のどれか一つでも満たされていなかったら，トランプのカードをよく切り直して，この手順を繰り返します．
　この方法に従ってもなお，期待値としてはお金を損ることになります．集められたお金の 50％ だけが賞金の総額になるということに抗うのは困難だからです．しかし，この方法を用いれば，ジャックポットをどこの誰かわからない他の当選者たちと分け合わなければならないということが，起こりにくくなります．

テレビのゲーム番組

　「ゴールデン・ボールズ」という番組は，2007 年に放送が始まりました．この番組では，最終ラウンドに残った二人の前に，「ゴールデン・ボールズ」とよばれる 11 個の玉が置かれます．この中には賞金になるものもありますが，賞金なしのもの（「キラー」）もあります．11 個の玉のうち5個を二人で順に選んで行って賞金の原資にします．ただし，選んだ

玉がキラーだと，それまで選んだ玉に書かれた金額の合計が，10分の1になってしまいます．例えば，5万ポンドになった直後にキラー二つが続けて選ばれると，500ポンドになってしまいます．

11個の玉はどれも見たところまったく同じなので，ランダムに選ばれることになります．11個の中から5個を選ぶ組み合わせは462通りなので，賞金が大きい方から5つの玉が選ばれる確率は1/462です．番組の初回から288回目までの放送で，一度だけこういうことがありました．

額面上の価値が1,000ポンドの玉のことを考えてみましょう．キラーのことを考慮しなかったとしても，この価値の玉を選ぶ確率は5/11ですので，この玉の実質上の価値は455ポンドという期待値になります．さらに，キラーが一つでもあると，期待値としての価値が下がります．キラーが3つだとすると，実質上の価値は255ポンドになります．

ボールが5つ選ばれて実際の賞金額がわかったら，二人はそれぞれ自分だけで，賞金を相手と「山分け（スプリット）」にするか，賞金を全部「独り占め（スティール）」にするか決めます．そして，それぞれの決定を同時に示します．二人とも「山分け」ならば，賞金を分け合うことになります．一方だけが「独り占め」ならば，賞金はすべてそういった人のものになります．二人とも「独り占め」ならば，どちらも賞金なしです．

このシナリオは，ゲーム理論では「囚人のジレンマ」という名前でよく知られています．相手が「山分け」を選ぶなら，自分は「独り占め」を選ぶ方が得です．相手が「独り占

め」を選ぶなら,自分はどちらにしても何も得られません.したがって,相手がどちらを選ぼうとも,自分は「独り占め」を選べば負けることはありません.よくあるのは二人とも「独り占め」を選ぶことで,この場合,テレビ番組制作会社だけが勝者ということになります.テレビ番組制作会社の支払額は0ですので.

「ディール・オア・ノー・ディール」という番組は,70を超える数の国で放映されています.英国版では,1ペンスから25万ポンドまでの範囲にある,異なった額の賞金を入れて封印した,22個の箱を使います.この22個の箱は,22人に一つずつ,ランダムに割り当てられます.そのうちの一人,エイミーが,その日のゲームをするとしましょう.エイミー本人の箱は,最後まで閉じられたままです.彼女はまず,ほかの人の持っている箱を5つ開けて,中身が見えるようにします.そこでバンカーとよばれる人が,エイミーに,「この額のお金をあげるからあなたの箱に入っているものと交換しないか」と,取引をもちかけます.エイミーは,この提案を受け入れる場合,「合意します(ディール)」といってゲームを終わりにします.この提案を受け入れない場合には,「合意しません(ノー・ディール)」といいます.そしてゲームが続き,さらに箱が開けられ,取引がもちかけられ,…ということになります.

取引がもちかけられる時点では,いつでも,まだ開けられていない箱に入っている賞金の正確な額がわかっているので,その平均も簡単に計算できます.ゲームの最初の方の段階では,バンカーが提示する額はこの平均をはるかに下回り

ます．しかしエイミーは，自分の効用関数にしっかりと照準を合わせなければなりません．もし5,000ポンドを強く望んでいて，提示額が5,400ポンドだったら，たとえまだ開けられていない箱に入っている賞金額の平均が2万ポンドを上回っていても，合意するのが合理的といえましょう．踏ん張り続けていると，最終的には1ペンスしか得られないということもあるのですから．

エイミーが最高金額の入った箱を自分のものにしている確率は，1/22です．しかし，その金額を手にする頻度は，それほど多くありません．これは，効用を考えると説得力のある説明ができます．最後の決定の段階で，二つの箱が残っており，一つには25万ポンドが入っていて，もう一つには2ポンドが入っているとしましょう．ここでバンカーが，8万ポンドという額を提示したとします．この金額は125,001ポンドという平均をかなり下回っているとはいえ，この金額の提案を断るのはエイミーがよっぽど勇気があるか，よっぽどお金持ちであるかの場合だけでしょう．人は確実なものを求めるものなのです．

バンカーが提示する額がつねに，まだ開けられずに残っている箱に入った賞金の平均よりも小さいとしましょう．大数の法則によれば，長い目で見ると，ゲーム参加者が持ち帰る金額は，自分の箱の中にある金額よりも小さくなります．そこで，このバンカーが本物の胴元であったなら，ゲーム参加者が「合意する」といえば，提示した金額を支払って箱の中のお金を受け取り，長い目で見たときに利潤を上げることになるでしょう．

「ザ・カラー・オブ・マネー」は，最もストレスの多いゲーム番組であると宣伝されていました．それでも，2009年には，数回放送された後，まだ続いていました．この番組は，確率を求める際に加法則と乗法則をどう使うか，例を示すのに格好の材料となります．

　1,000ポンド，2,000ポンド，…，20,000ポンドというお金が，色で塗り分けられた20の「キャッシュ・マシン」にランダムに割り当てられます．参加者のポーラは，例えば64,000ポンドのように，事前に指定された金額を得ようとします．そのために，1ラウンドに一つずつ，10個までマシンを選ぶことができます．もし（そうとはわからないのですが）14,000ポンドのマシンを選んだとしたら，その後，1,000ポンド，2,000ポンド，…，そして14,000ポンドという数字が，この順番で，一定のペースで画面に現れてきます．ポーラはどの段階で「ストップ」といってもかまいません．早めにこういえば，そのときに画面に映っていた金額を貯めることができます．しかし，長く待ちすぎるとタイムオーバーとなって，お金を貯めることがまったくできません．10個のマシンに挑戦した後でもまだ目標金額に達していなければ，賞金なしとなってしまいます．さて，ポーラはどのような戦略をとればよいのでしょうか？

　色を除けば，どのマシンも外見はまったく同じです．そこでポーラは，各ラウンドで残っているマシンの中から完全にランダムに選ぶことにします．最終ラウンドでは，11個のマシンが残っていますから，とるべき戦略は明らかです．例えば，目標金額に達するにはさらに9,000ポンド必要で，ち

第6章　ゲームと確率

ょうど 6 つのマシンに 9,000 ポンド以上の賞金が入っているとしましょう．このとき，「9,000 ポンド」という数字が見えたときに「ストップ」といおうとすることでしょう．こうすれば賞金を獲得する確率は 6/11 ですから．とはいえ，それよりも前のラウンドでは，どうすればよいのでしょうか？

あと 2 ラウンド残っている段階では，マシンが 12 個ありますが，そこに入っているお金が（千ポンドという単位でいうと）1, 4, 5, 6, 9, 10, 12, 13, 15, 17, 19, 20 だったとします．また，目標額達成までにあと 15,000 ポンド必要だとします．7,000 ポンドという数字が現れたときに「ストップ」というのはまったく理にかなっていません．この数字が目に入ったら，このマシンに入っているお金は少なくとも 9,000 ポンドであることがわかるので，この 9,000 ポンドという数字で「ストップ」といえばよいのです．この方がよい戦略であることは明らかです．というわけで，選択肢に制約を設けて，12 個のマシンに入っている金額から選ぶようにすればよいのです．同様の論法が，これ以前のラウンドにもあてはまります．「ストップ」というのに最善の数字は，つねに，残っている箱のどれかの金額に対応したものになるはずです．

この段階でポーラが 9,000 ポンドで「ストップ」とぜひともいいたいのであれば，次のように議論を進めることができます．「残りの 12 個のマシンのうち 8 個には，少なくともこの金額が入っている．したがって勝負に勝つ確率は 8/12 だ．もし勝てば，最終ラウンドで必要になる金額はちょうど 6,000 ポンドになる．そのとき残っている 11 個のマシンのうち，よい結果が得られるのは 8 個だ．乗法則を使うと，最後

から2ラウンド目でも最終ラウンドでも勝負に勝つ確率は，(8/12)×(8/11) = 64/132 だとわかる．同様にして，最後から2ラウンド目で9,000ポンド未満のマシンは4個なので，この段階でそもそも貯めたお金の額が0になってしまう確率は，4/12 だ．その場合，最終ラウンドで必要な金額は15,000ポンドで，それ以上の賞金を得る確率は 4/11 だ．ここでもまた乗法則を使うと，この経路をたどって最終的に勝つ確率は，(4/12)×(4/11) = 16/132 だ．以上で見たように，最終的に勝つに至る経路が二つあるが，それらは互いに排反なので，加法則を適用すると，最終的に勝つ確率は 80/132 になる．」

ポーラが，例えば6,000ポンドとか12,000ポンドとか，ほかの金額で「ストップ」といいたい場合にも，同じような分析をすることができます．ぜひ計算してみてください．付録には最善の戦略を書いておきました．

このテレビ番組の企画段階では，ゲームの進行中に数学の専門家に助言をしてもらうというアイディアも議論にかけられました．例えばポーラが8,000ポンドで「ストップ」といいたいけどどうだろうかと尋ねると，専門家がこういうのです．「悪くないですね．そうすればその金額を得る確率は75％になります．でも，11,000ポンドでストップをかければ，勝つ確率は80％に上がります．」

これが実現していたらどんなことが起こっていたか，想像できることと思います．専門家がいうことはどれも正しいので，ポーラは選択を変えました．その結果，賞金を得ることに失敗してしまいました．もともとの直観に従っていれば，

うまくいっていたでしょうに．タブロイド新聞には，センセーショナルに，きっと次のような見出しが踊ることでしょう．「数学者，戦争未亡人から 64,000 ポンド奪う」

私も含め，テレビのゲーム番組に対する数学の応用を研究している者はみな，このような助言が行われたことがなくて，ほっとしています．

トランプのゲーム

大数の法則によれば，長い目で見れば，よい札も悪い札も，公平に配られることになります．その結果，スキルのレベルの違いがいつかはあらわになります．よく行われる3つのゲームを見てみましょう．

ブラックジャックの場合，ディーラーはいつ札を引くかに関して決められたルールに従わなければなりませんが，プレーヤーは望み通りのことをしてかまいません．ブラックジャックはそもそもカジノ側に有利にできていますが，エドワード・ソープがかなり大きな額で勝ち始めるまで，カジノ側は自分たちの優位を脅かすような方法などないと信じていました．しかし，カジノ側の論理には致命的な欠陥があったのです．カジノ側は，6組から8組のトランプを使って，賭け金の1％から2％を手数料としてとれることが期待できますが，勝負を数回した後に，オッズがプレーヤー側に有利に変化することがあるのです．カジノ側は，どの札が使われないまま残っているかを前提にした「条件付確率」を使うことを怠っていたのです．むしろ，全部の札を前提にして計算される確率に頼るのを控えた方がよかったのですが．

ソープは，どの札が残っているかを絶えず知っているための方法を編み出しました．数字の大きい札が残っている割合が大きい場合，ルール上ディーラーが札を1枚引かざるをえず，その結果，合計が21を超えて負けることが起こりやすくなります．同じ状況の場合，プレーヤーは札を引かないという選択をすることができます．ソープは，残っている札の中で数字が大きい札が占める割合が平均以下である限り，最小限の額しか賭けようとしませんでしたが，残りの札の構成がプレーヤーに有利になったなら，それよりも大きな額を賭けようとしたのです．これは単純ですが，有効な戦略です．

　では，残りの札が確かにプレーヤーに有利な場合，いくら賭ければよいのでしょうか？　ソープが分析をする数年前に，ジョン・ケリーが，まさにこの問いに対して答えを出しました．自分の元手のうち，自分が有利な度合いに等しい割合の金額を賭ければよいのです．このような選択によって，元手の成長率を最大化することができます．

　例えば，プレーヤーの元手が1,000ポンドで，このプレーヤーにちょっと有利であるとしましょう．勝つ確率が51％，負ける確率が49％とします．有利な度合いはその差の2％なので，現時点での元手の2％である20ポンドを賭けることになります．次の時点では，元手が980ポンドか1,020ポンドになっています．ここで有利な度合いが2％のままだったら，賭け金は前の時点での結果に応じて，19ポンド60ペンスか20ポンド40ペンスになります．もしプレーヤーが強欲すぎて，ケリーが2％だといっているのに元手の10％を賭ける場合，自分に有利であるにもかかわらず，結局は破産

することになるでしょう．元手に限りがあるのに賭け金が高額すぎて，負け続けると持ちこたえられないからです．

カジノは，このような「カードカウンティング」とよばれる戦略に熟達した人を見抜き，出入り禁止にするという方策を講じています．確率を理解する力に対してこれほどすばらしい尊敬の印が示されたことは，これまでにありません．

すでに述べたように，ベイズ・ルールは，裁判で証拠が出てくると有罪か無罪かに関する信念がどのように変化するかを見るのに適切な方法です．ホイストやブリッジのようなトランプのゲームでも，このルールを使えば，プレーしている間に最善の決定を行う確率を高めることができます．便宜的に，法律用語をそのまま使いましょう．相手がある一定の札，例えばハートのキングとクイーンの両方を持っていることを，「有罪」といいます．相手がこの二つの札のうちせいぜい一方しか持っていないことを，「無罪」といいます．

数え上げによって，持ち札の可能な組み合わせの中で相手が両方の札を持っている組み合わせの比率を計算し，これを有罪の確率に関する最初の評価値とします．標準的な手続きでは，この確率をオッズに変換するのが最善であるとわかります．この計算を最初に行うので，有罪の「事前オッズ」を求めたといいます．

プレーが進むにつれて，考慮するに足る「証拠」が現れてきます．4人のプレーヤーが1枚ずつ順に札を出したときに，注目している相手がハートのキングを出したとしましょう．このような証拠が有罪のオッズにどの程度影響を与えるのか考えるために，「尤度比（ゆうどひ）」を計算します．そのためには

まず，相手が有罪である（ハートのキングとクイーンの両方を持っている）としたときにこの証拠が得られる確率を計算します．それから，相手が無罪であるとしたときにこの証拠が得られる確率も計算します．後者に対する前者の比をとると，尤度比になります．

このような準備をすれば，有罪の「事後オッズ」を演繹することができます．これは，上述のような証拠を考慮したときの有罪のオッズで，

　　事後オッズ＝事前オッズ × 尤度比

というベイズ・ルールを用いて計算することができます．

この式の意味は理解しやすいものです．尤度比が大きければ大きいほど（すなわち無罪であるときに比べて有罪であるときの方がこの証拠が得られやすいといえればいえるほど），事前オッズに比べたときの事後オッズの増加率も大きくなります．しかし，このルールを使えば，この証拠によって有罪の確率がどの程度影響を受けるかも，正確にわかるのです．

それをどのように計算するか理解するために，現実的な状況を考えてみましょう．相手はハートのキングとクイーンの両方を持っている（有罪）か，ハートのキングだけを持っている（無罪）かのいずれかです．事前オッズでは，この二つの事象が同じように確からしいとされています．相手が有罪ならエースを出すのが最適な手になります．相手が無罪なら，エース以外の札を出すべきです．ここで証拠が得られました．相手がハートのキングを出したのです．

この証拠がなかったら，当て推量をしなければなりませ

ん．そうすれば，勝てるのは半分の場合でということになります．（ハートのキングだけ持っていて）無罪であれば，この（ハートのキングを出したという）証拠が得られる確率は100％です．しかし，（ハートのキングとクイーンの両方を持っていて）有罪であれば，実際に目にしたキングでなくクイーンを出すということは同様に確からしいので，この証拠が得られる確率は50％です．この二つの確率の比をとると，1/2になります．したがって，ベイズ・ルールによれば，事後オッズも1/2になります．つまり，相手が無罪であるということは，相手が有罪であるということよりも，2倍確からしいのです．ハートのキングだけを持っているということは，ハートのキングとクイーンの両方を持っているということよりも，2倍確からしいのです．したがって，エースを出さないことが正しい決定になるのは，2/3の場合でということになります．

このように確率を適切に扱えば，2/3の場合で勝つことができるでしょう．1/2ではありません．もっとうまくやれると考えるべきです．確実に勝つような戦略をとることはできませんが，それでも，勝つ確率を上げることができるのです．

ブリッジをする人たちは，このような考え方を「リストリクテッド・チョイスの原則」とよんでいます．もし相手がキングしか持っていないならそれを出すしかありませんが，もし相手がキングとクイーンの両方を持っていれば選択の余地があります．相手が実際にキングを出したということで，そうせざるを得なかったのだという方向に，オッズが変化する

のです．

　今日，ポーカーのやり方で最もよく使われているのは，「テキサスホールデム」というものです．各プレーヤーには2枚の札が配られます．そして，この自分の持ち札と，その後でプレーヤー共通のものとして表向きにして配られる5枚の札（「コミュニティ・カード」）とでできる一番よい手を目指します．次の3つの持ち札の中で，コミュニティ・カードが配られたときにほかの二つよりも相手に勝てそうだという意味で，最善のものはどれでしょうか？

　　持ち札A　クラブの2とスペードの2
　　持ち札B　スペードのエース，ダイヤのキング
　　持ち札C　ハートのジャックとハートの10

　もちろん，これは人を惑わすような問題です．注意深く数えれば，約52％の場合で持ち札Aは持ち札Bに勝ち，59％の場合で持ち札Bは持ち札Cに勝ちますが，持ち札Cが持ち札Aに勝つ確率は53％であることもわかります．そのため，Aの方がBよりもよい，Bの方がCよりもよい，しかるにCの方がAよりもよい，ということになるのです！相手に先にこの3つのうちどれか一つを選ばせて，自分は残りの二つのうちどちらかを選んでも，勝つ確率は50％よりも大きくなります．

　ポーカーには，確率を扱う腕前以外の要素がたくさんあります．ほかのプレーヤーがどんな札を持っていそうか判断しなければなりませんし，いつブラフをかけたらよいかも判断しなければなりません．しかし，確率が非常に役に立つ場合

第6章　ゲームと確率

もあるのです．ポットに50枚のチップが入っているとしましょう．さらに，コミュニティ・カードのうち最後の1枚がまだ配られていないとします．この最後の札がスペードだったら，フラッシュになって自分が勝つはずだ，とわかっています．また，この最後の札がスペードでなかったら，ほかの誰かが勝つはずだとわかっています．さて，ゲームから降りずにさらにチップを賭けますか？

これまで自分が何枚のチップをポットに入れたかは無視しましょう．問題なのはこれから先のことだけですから．何だかわかっているのは6枚の札で，そのうち2枚が自分の持ち札，4枚がコミュニティ・カードでテーブルの上に置かれています．未知の46枚の札のうち9枚がスペードで，スペードが出れば勝てますが，それ以外の札が出れば負けです．ポットにチップがすでに50枚入っていますが，さらに10枚チップを賭けて最後に配られる札を見たいと思うでしょうか？さらに20枚ではどうでしょうか？

最後の札を見るためにx枚のチップを賭けなければならないとして平均純益（あるいは平均損失額）を計算して求めると，平均して儲けが出るカットオフ値になるようなxの値がわかります．付録に答えを書いておきましょう．

第7章
科学,医学,オペレーションズ・リサーチにおける応用

　確率を推定したり解釈したりする方法には,状況に応じてさまざまなものがあります.しかし,デイビッド・ハンドが『統計学』(上田修功訳,丸善出版,2014)で書いているように,確率の「計算法は同じ」,変わらないのです.

　確率論の中核をなす,次のような考え方を忘れないようにしましょう.加法則と乗法則,独立,大数の法則(これは頻度と客観確率を結びつけるものです),ガウス分布(ランダムな量の和をとったときに現れます),その他のよく現れる分布,平均と分散(これらは分布の特徴を表すのに役に立ちます).取り上げた問題に関わってくる確率に関して,前章までに挙げた例の場合くらい正確な知識があるということは,必ずしも望めません.しかし,適切な形で定式化された問題に対して近似的な解が得られれば,それはよい意思決定をするための指針として頼りになるといえるでしょう.統計学者のジョージ・ボックスはこういいました.「モデルというものはどれも間違っている.しかし,中には役に立つものもある.」

　この章と次章では,確率論の応用例を紹介します.その

際，章の題に沿うような形でグループ分けをすることにします．

ブラウン運動とランダム・ウォーク

1827年，植物学者ロバート・ブラウンは，花粉を水中に入れると，花粉から出た微粒子がランダムに見える形で動き回ることを観察しました．その約80年後，アルベルト・アインシュタインがこの現象を説明しました．この微粒子に，水の分子が絶えずぶつかっているからだと．この微粒子の運動は，もちろん，3次元空間におけるものです．しかし，申し分のないモデルを作るために，まずは直線に沿った運動を考えることにしましょう．

一つひとつの段階は，ある一定の距離の跳躍だとします．その跳躍は右に行くこともあれば左に行くこともありますが，どの時点でも独立なものであるとしましょう．これは「ランダム・ウォーク」とよばれるものになります．多数の跳躍が行われた後の位置は，左右それぞれの方向になされた跳躍の数の差だけによって決まります．出発点からの距離の平均と分散は，跳躍の数に比例します．

ここでちょっとやっかいな計算をしましょう．時間を測る単位となる期間を一定にして，その期間内での跳躍の頻度を「増加」させ，跳躍の距離を「減少」させます．この二つの要因の間でうまい具合にバランスがとれると，極限は連続運動になり，ランダムな移動距離は（中心極限定理により）ガウス分布に従い，移動距離の平均と分散はともに単位期間の長さに比例します．右への運動と左への運動が同様に起こり

やすければ，移動距離の平均は0になります．

ブラウンの観察に対するアインシュタインの説明は，微粒子が3次元空間を移動していて，上述のような理由により，各次元での移動がガウス分布の法則に従うから，というものです．アインシュタインはさらに，原子や分子の振る舞いに関する予測を立てました．そしてその予測に基づいた実験が行われたことで，原子や分子の存在に対して長い間抱かれていた疑念が払拭されることになりました．

「ブラウン運動」という用語は，本来は，液体中の微粒子の運動それ自体を指すのに使うべきものですが，この運動に関する数理モデルを指すのに使われることもよくあります．

乱 数

「乱数」というとき，次の二つの考え方があります．一つは，さいころやルーレットを用いた理想的なゲームの場合のように，有限なリストの中から数が一つ選ばれますが，その数はどれも等しく確からしい，というものです．もう一つは，棒をランダムな1点で折る場合のように，連続区間の中のどこか一つの点を選ぶけれども，その区間の中でほかの点よりも選ばれやすい点はない，というものです．いずれであれ，そこに含まれる数がその中のほかの数と独立であるような，乱数の長い列を選ぶことが容易にできるなら，それには次の節に示すように，応用例がたくさんあります．

1955年，『一桁の数字百万個からなる乱数表』というすばらしい本が出版されました．この本はまさにタイトル通りのものです．どのページを見ても0から9までの数ばかりです

が，読み取りやすいようにブロックに分けられています．とはいえ，もちろん，次にくる数はまったく予測不可能になっています．それまでの数がどのような列になっていたとしても，次の数を当て推量でいい当てられる確率は1/10です．今日では，コンピュータでまさにこの目的を達成するためのソフトウェアがあります．初期値（「シード」）を入力すると，数学的に確立された公式に従って次の値が生成されます．この値が今度はシードになり，という形で，同じ手順が繰り返されていきます．このプロセスにはランダムなところはまったくありません．そのため最初に用いたシードが同じであれば，生成される数の列も同じになります．しかし，ここで用いる数式をうまく選ぶと，生成された数の列は，一連の統計的検定をパスして，事実上あたかもランダムであるかのようにみなせるものになります．これは「疑似乱数列」とよばれます．

　この手順をどんなに注意深く行ったとしても，つねに，次のような懸念がいくばくか残ります．用いている方法に欠陥が隠れていて，そのせいでこの数を使う際に問題が生じるのではないかと．このことに注意しなければなりませんが，多数の優れた科学者の経験を信頼して，私はいつでも，要求に照らして許容できるような乱数列が自分のコンピュータで生成されるかのように振る舞いたいと思います（部内者による詐欺の危険があるのが明かと思うのは，英国国営宝くじでもプレミアム付国債でも，数を選ぶのにこの方法がまったく用いられていないことです）．

モンテカルロ法

標準的な欧州式のルーレットで，37回続けて回したときに，互いに異なる数はいくつ出るでしょうか？　理論上は，1個から37個まで，いずれも可能性があります．しかし，1個とか37個という両極端の結果は極めてまれにしか起こらなさそうです．最も起こりそうなのは何個という結果でしょうか？

私がこの問題を最初に読んだとき，簡単な解法がすぐにはわかりませんでした．ルーレットを37回回したときに起こりうる結果の数は37^{37}です（これは十進法で59桁の数になります）．例えば異なる数が28個となる組み合わせをすべて書き出してみようとしたら，誰でもすぐに意気込みが萎えてしまうことでしょう．しかし，私には試してみようという気になった方法がありました．それが「モンテカルロ法」によるシミュレーションです．

コンピュータで生成した乱数列で，ルーレットを37回回した結果をシミュレートしました．乱数列を生成した後，異なる数が何個あったかを，コンピュータを用いて数えました．以上の手順を100万回繰り返しました．そのうち203,739回で，互いに異なる数が24個になりました．また199,262回で23個になりました．これに近い値，22個と25個の場合，いずれも起こった回数は16万未満でした．大数の法則によれば，それぞれの頻度はそれぞれの確率に落ち着くはずですが，これくらいの数繰り返せば，落ち着いたといってよいでしょう．最も起こりそうな結果は，異なる数が24個で，その確率は20％をちょっと上回るくらいです．

その後，私は自分がこの問題の標準的な解法に気づけなかったことを嘆きました！　ルーレットを37回回したときに互いに異なる数がX個出る確率を，任意のXについて，正確に計算して求めることができたはずなのです．しかし，だからといって，シミュレーションを用いてこの種の問題に取り組むことの価値が無になるわけではありません．簡略な答えでも役に立つことがあるのです．実際，正確に計算した場合と矛盾しない答えがシミュレーションによって得られたことで，コンピュータによる乱数の生成が意図したとおりに機能しているという全般的な信頼が高まったのです．

モンテカルロ法の応用例でもっと本格的なものは，高分子化学の分野に見られます．重合体（ポリマー）は多数の単量体（モノマー）からなり，その単量体はランダムに向きを変える鎖で繋がっています．単量体は，間隔が均等になっている格子上の場所の1箇所にしか現れませんし，こちらの方が重要なことですが，二つの単量体が同一の場所にあるということは起こりえません．重合体の一方の端からもう一方の端までの長さはどれくらいになりそうでしょうか？

単量体のある場所を考えるために，酔っ払いが3次元の格子をよろよろと歩いていて，その場所をほんの少しの間だけ訪れると考えてみましょう．ただし，どういうわけか，同じ場所を二度訪れることはないとします．この要請がなくても数学の専門家は話を先に進めることができますが，この制約がないと問題が複雑になって理論的考察では歯が立たないものになってしまいます．とはいっても，有能とはいえないコンピュータ・プログラマーであっても，このように複雑で向

きが変わる鎖をうまくシミュレートするようなプログラムが書けます．そして，繰り返しの数を100万，1,000万，10億とすれば，それぞれに応じた精度で答えが得られます（ここでド・モアブルが示したことを思い出してください．シミュレーションの規模を何倍か大きくしたとき，精度はその「平方根」倍にしかならないのです）．

　もう一つ例を挙げましょう．不整正な（対称的なところのない）形をした葉の面積を推定したいとしましょう．葉を取り囲む形で長方形を描きます．シミュレーションを行って，この長方形の中にランダムに多数の点をばらまき，その点の位置を求めます．葉の内側に入った点の比率をこの長方形の面積にかければ，葉の面積が推定できます．

　さらに応用例をもう一つ．ポールはガソリンスタンドを新設したいと思っています．ここには給油ポンプを最低4つ設置できそうですが，そのときに車が並んで待っていられる場所は8台分までです．給油ポンプをさらに一つ設置するごとに，待っている車のための場所が2台分減ることになります．したがって給油ポンプを最大で8つ設置すれば，待っている車のための場所はなくなりそうです．給油ポンプがいくつだと利潤が最大になるかを計算するために，給油ポンプが4つ，5つ，6つ，7つ，8つのときに，それぞれどんなことが起こるかをシミュレートすることができるでしょう．

　設置費用，維持費用，利益率のほかにも，知っておく必要があることがいくつかあります．まず，客になりそうな車がどのようなペースで到着するかです．さらに，車がポンプのところで給油を始めてからポンプが空くまでにかかる時間の

分布もあります．加えて，ポンプが空いていなかったり行列が長かったりしたときに，客になりそうな車が通過して行ってしまう確率も考慮しなければなりません．これらの数値はどれも，測定したり推定したりするのが比較的容易です．しかし，何ヶ月もかけてポンプの数をいろいろと変えて現物で実験するよりも，コンピュータ・シミュレーションを行った方がはるかに安くあがります．初期値となるシードを毎回同じにすることもできますので，まさにすべて同じ条件でシミュレーションを行うこともできます．そうすれば，利潤の推定値の比較をよりよいものにすることができます．

どうして「モンテカルロ法」というのでしょうか？ 乱数とカジノ・ゲームとの間に結びつきがあるのは明かですが，この名前はもともと，この方法を利用した軍事作戦を隠すために使われていたものでした．それには，初期の頃の核兵器開発も含まれていました．

符号のエラー

モールス信号の符号は，0と1のような二つの記号だけを用いてメッセージを伝える方法を示すものです．しかし，記号にエラーが生じて，当初は0だったのに到着したときには1だったとか，その逆とかということも起こり得ます．エラーの率が小さくても，受け取ったメッセージの意味が，送ったメッセージの意味とかなり異なることもあり得ます．どのように対処したらよいのでしょうか？

送られた記号にエラーが生じる確率は小さく，その確率は独立であるとしましょう．記号を繰り返して送ればよいと思

われるかもしれません．しかし，ちょっと考えれば，0と1のかわりにそれぞれ00と11を送信しても，まったく役に立たないことがわかります．01あるいは10が届いた場合，送られたときには00だったのか11だったのかは，まったくの当て推量になってしまいます．半分は正しくいい当てることができますが，送信の際に記号を二つ組み合わせるということは，エラーも2倍多く生じるということです．したがって，この二つのことが互いに相殺されてしまうわけです．では，0と1のかわりに000と111を送ることにしたらどうでしょうか？

メッセージを解読する際に「多数決」を用いると，{000, 100, 010, 001}はどれも0と解釈されます．1と解釈されるものにも4つの可能性があることになります（全部で8つある可能性のうち残りの4つです）．送信された信号の1％だけにエラーが生じるとすると，000が送信された場合，二項分布を使えば，上にあげた4つの列のうち一つが到着する確率は99.97％になることがわかります．これは，エラー率が1％から0.03％に低下するということです．すなわち，エラー率が1/30になるのです．信号を5桁にすることで，さらに改善が望めますが，メッセージが長くなるという犠牲を伴います．何桁にするのが最善の選択であるかは，そもそものエラー率の大きさと通信速度によって決まります．

羊水検査

ジュエンジュエン・ファンとリチャード・レヴァインが，これから親になろうとしているときでした（二人は統計学者

でもありました).ファンが羊水穿刺による検査を受けた方がよいか,二人は考えていました.この検査では,お腹の中にいる胎児がダウン症児であるか否かがわかります.二人の経験は,似たような状況に置かれたほかの夫婦にとって,意思決定のための「ひな形」になり得るでしょう.

ファンの年齢と簡便な血液検査の結果から,胎児がダウン症児である確率は 1/80 とされました.超音波画像の結果を参照して,ベイズ・ルールを用いると,その確率は 1/120 に下がりました.羊水検査は侵襲的な検査です.中空の針を腹腔に挿入し,羊水のサンプルを抜き取るからです.21番染色体が 1 本余分にあることがダウン症の特徴ですが,この余分な染色体があればこの検査で確実に検出されます.しかし,この検査にはリスクが伴います.このケースの場合,1/200 の確率と推定されましたが,流産を引き起こすことがあるのです.ダウン症とわかったら妊娠中絶をしようと思っている場合,この検査を受けるべきでしょうか?

ファンとレヴァインは,期待効用最大化という論理的手順で,決定に至りました.起こりうる結果で二人にとって最悪なのは,ダウン症でない胎児を流産してしまうことで,その効用を 0 としました.最良の結果は,ダウン症でない子どもを出産することで,その効用を 1 としました.羊水検査を断ってダウン症の子どもを出産することの効用を x としましたが,羊水検査を受けてダウン症とわかった場合の効用は,それよりも幾分か大きい,y という値になるとしました(羊水検査を受けてダウン症とわかった後で流産しても,この問題には影響がありません.羊水検査を受けてダウン症とわかっ

たら中絶しようと考えていたからです).

　検査を受けた場合の期待効用と受けなかった場合の期待効用が計算できます.前者が後者を上回るなら,検査を受けるべきです.その条件を整理すると,$y > (119/200) + x$ でなければならないことがわかります.まるめると,y は $0.6 + x$ より大きくなければいけません.

　もしファンとレヴァインが,胎児がダウン症児だとわかって中絶することの効用が 0.6 未満であると思うなら,検査を受けても何にもならないでしょう.ダウン症児であれ,子どもを持つことの効用が大きければ大きいほど,閾値も大きくなります.子どもを持つことの効用が 0.4 よりも大きければ,検査を受けるべきではありません.

　この x と y に関して適切な値を選ぶためには,ちょっと考えを巡らせなければなりません.しかも,検査を受けて流産する確率が 1/200 だとか,検査を受けない場合にダウン症児である確率が 1/120 だとかということを,基本的な仮定にしましたが,その値が違ったものであれば最終的な基準もまた変わってくることでしょう(付録を参照).明らかに,ダウン症児である確率が流産する確率よりも小さければ,検査を受けることが合理的であるとはけっしていえないでしょう(そうですよね?).

　ファンとレヴァインは,自分たちが直面したジレンマについて検討し,相談をしました.二人が同意した効用を当てはめると,検査を受けた方がよいということになりました.

血友病

血友病というのは,切り傷ができたときに血液が凝固しない病気の総称です.血液凝固因子はX染色体上にありますが,それが欠損している確率は5,000分の1未満です.女性はX染色体を二つ持っていて,そのいずれにも血液凝固因子がないときだけこの病気になります.したがってこの病気になる確率は2,500万分の1未満です.ところが男性にはX染色体は一つしかありません(そのかわりにY染色体が一つあります).そのため,血友病の症例のほとんどは男性です.

男性が血友病患者である場合,父となる機会がある前にそのことがわかります.しかし,女性の場合,一方のX染色体に異常がなくもう一方に血液凝固因子の欠損があっても,それがわからないでしょう.このような女性は保因者とよばれます.保因者から子どもにこの欠損を引き起こす遺伝子が受け継がれる確率は50%です.この遺伝子を受け継いだ女の子は保因者になりますが,男の子は血友病患者になります.ヴィクトリア女王が保因者であったことは間違いないでしょう.息子のレオポルドは血友病患者でしたし,5人の娘のうち少なくとも二人は保因者だったからです.なお,ヴィクトリア女王にはこのほかに息子が二人いましたが,血友病患者ではありませんでした.

ベティに,兄(あるいは弟)がいて,血友病患者だとしましょう.ベティには何人か子どもがいて,その一人がアンです.アンが保因者である確率はいくつでしょうか?

この問いに答えるには,ベティが保因者である確率がわか

れば十分です．アンが保因者である確率は，つねにその半分ですから．さて，ベティの兄（あるいは弟）が血友病患者であることから，ベティの母親が保因者であったことがわかります．この情報だけでも，ベティが保因者である確率は50％だとわかります．ここでアンの兄弟のうち誰か一人でも血友病患者であったなら，ベティが保因者であることは確実になります．そこで，アンの兄弟が皆，血友病患者でなかった場合を考えてみましょう．

　この状況はベイズ・ルールを適用するのにうってつけです．ベティが保因者であることを「有罪」と表しましょう．有罪の事前確率が50％なので，事前オッズは1になります．もしベティが「無罪」（すなわち保因者でない）とすると，（アンの兄弟で血友病患者は誰もいないという）証拠が得られる確率は明らかに100％です．しかし，ベティが有罪だとすると，アンの兄弟の一人ひとりが，血液凝固因子の欠損を引き起こす遺伝子を受け継いでいない確率は，それぞれ独立で，50％になります．したがって兄弟一人ごとに尤度比が半分になります．アンの兄弟の誰も血友病患者でないとして，ベティが保因者である確率を求めると，アンの兄弟の数 $1, 2, 3, 4, \ldots$ に対応して，順に，$1/3, 1/5, 1/9, 1/17, \ldots$ となります．

　アンには姉妹もいて，そのうちの何人かに息子がいて，アンの甥で血友病患者は誰もいないとしましょう．アンが保因者である確率はどうなるでしょうか？　自分で計算した後で，付録の答えとつきあわせてみてください．

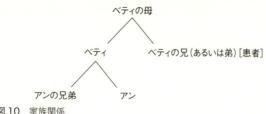

図10　家族関係

感染症の流行

「集団免疫」とは，もし十分に多くの人が予防接種を受けていれば，仮にその集団の中でわずかな数の感染者が出たとしても，その感染症の流行は起こらないだろうということです．予防接種を受けていなかった人たちでさえ，その感染症にかかるということが起こりにくくなります．それはどうしてでしょうか？　「十分に多く」だということがどのようにすればわかるのでしょうか？

感染者が病気をほかの人にうつすけれども回復した人には免疫ができる，というのが一つの典型です．そこで，人々を感受性人口（未感染者），感染性人口（感染者），除去された人口（除外者）の3つに分類しましょう．このうち3番目は，予防接種，回復，隔離，死亡によって感染に対して「免疫」ができた人たちです．この4つの結果を同じ言葉で表すことは無情に思えるかもしれません．しかし，感染症流行の拡大を問題にする限り，この4つが同じだというのは現実なのです！

感染症流行がどのように広がっていくかを見るために，感受性人口の規模をSで表し，感染性人口の規模をIで表しま

しょう．この二つを掛け合わせると，未感染者と感染者の間で生じうる接触の総数になります．人口規模が同じでも，人口密度の高い都会に住む人たちの方が，人口密度の低い農村部に住む人たちよりも，接触が頻繁に起こるといえるでしょう．接触を通して未感染者が感染者になる確率は，その病気の伝染力の強さによって決まるでしょう．総合的に見れば，非常に短い長さの時間の中で未感染者が感染者になる確率は，$\beta \times S \times I$ という形で表せるでしょう．ただし，β は伝染力の強さと交際頻度によって決まるものとします．

この非常に短い時間の中で，どの感染者も，除去された人口というカテゴリーに移動する可能性があります．したがって，一人の感染者が除外者になることによって感染性人口の規模が縮小する確率は，感染性人口の規模に比例し，$\gamma \times I$ という形で表せます．ただし，γ は感染者がどれくらいの速さで回復するか，どれくらいの速さで隔離されるか，どれくらいの速さで死亡するかによって決まるものとします．

こう考えれば，感染性人口が増加する確率も減少する確率も，それぞれ計算できたことになります．この $\beta \times S \times I$ と $\gamma \times I$ という二つの確率の間のバランスによって，感染症流行が起こるか否かが決まります．ここには賭博との類似性が見られます．不利なゲームであれば，賭け金を払うたびに元手が減る確率の方が，そのたびに元手が増える確率よりも大きくなります．元手はランダム・ウォークに従いますが，いつの間にか0に向かうことは避けられません．しかし，有利なゲームであれば，初期の段階で運悪く破産するということがなければ，ランダム・ウォークによって，元手は0から十

分に離れた大きな値になって,負け続けてもその負けた額を上回る状態に導かれることでしょう.大きな金額を獲得するための必要条件は,有利なゲームであることです(ただしこれは十分条件ではありません).

話をもとに戻すと,(賭博の場合の大儲けに対応する)感染症流行は,感染性人口の規模の変化が減少であるときよりも増加であるときの方が起こりやすい,ということになります.すなわち,$\beta \times S \times I > \gamma \times I$ ならば感染症流行が起こりやすいことになります.この条件は,いいかえると,感受性人口の規模 S が γ/β という比よりも大きいということです.この比は(感受性人口に対する)「閾値」とよばれます.これがまさに,求めようとしていたものです.人々の間でこの感染症に感染する人が出てきたとしても,

> 感染症流行は,感受性人口の規模がこの閾値を上回ったときに初めて起こる

のです.

ウィリアム・ケルマックとアンダーソン・マッケンドリックがこの結果を発表したのは 1927 年でした.感染症流行は,感受性人口の規模がこの閾値を下回るようにすることで,回避できるのです.これは,次の二つのやり方で達成することができます.一つは,予防接種をして,感受性人口の規模を小さくするというやり方です.もう一つは,閾値を上げるような方法を発見するというやり方です.この閾値は,比の形をしているので,分子を大きくしても分母を小さくしても,大きくなります.分子を大きくするには,例えば,回復率を

高めるとか,感染者をより速やかに隔離するようにすればよいでしょう.分母を小さくするには,伝染力を弱めたり,人々の交際頻度を低くしたりすればよいでしょう.交際頻度を低める方法としては,例えば,一時的に学校を休校にするとか,人がたくさん集まるようなスポーツの行事を延期するとかいうことが考えられます.これらの対応のそれぞれにどれくらいの規模の恩恵が期待できそうかを評価して,実行する価値があるのはどれかを判断することもできます.

この原則はまた,動物の感染症流行を制御するためにも使えます.口蹄疫を終息させるための最初のステップは,通常,家畜の移動を制限することです.これによって,比の分母を小さくして,閾値を大きくすることができます.多くの場合,これとともに,家畜を大量に処分するということも行われます(人間の感染症の場合,こんなことはできません!).それで,感受性個体群の規模を小さくすることができるので,比の分子を大きくすることにもなるのです.

以上の分析からは,子どもの感染症の流行がかなり規則的な間隔で起こると考えられるのはなぜかも説明できます.感染症流行によって感受性人口の規模が小さくなり閾値を下回った後,今度は新しい世代の子どもが生まれることになります.この世代で予防接種が十分に行われていないと,感受性人口の規模がだんだんと大きくなって閾値を上回るようになります.こうして次の流行が突発する条件が作られるのです.感染症流行の間隔が大きくなればなるほど,感染症によって被害を受ける人口の規模も大きくなり,流行が起こったときには深刻な事態になることでしょう.

確率がわかったからといって病気を治せるわけではありませんが，病気による影響を緩和することはできるでしょう．

バッチ検査（一括検査）

軍隊では，これから入隊しようとしている 1,000 人のうち，ある病気にかかっていそうなため軍務に適さない人は誰かを知りたいと思っています．この目的には血液検査が役に立ちそうですが，1 回の血液検査につき 50 ポンドかかります．5 万ポンドよりも安い費用で実施することができるでしょうか？

この病気にかかっていそうな人の割合がきわめて小さいと仮定できるなら，答えは「できる」です．まず，K 人から採った血液のサンプルを一つにまとめます．このまとめた血液サンプルに対して検査を行います．その結果が陰性ならば，血液サンプルを提供した人は誰も病気にかかっていないことになり，さらに検査をする必要はありません．これに対して，結果が陽性ならば，少なくとも一人は個別検査で陽性となることでしょう．そこで今度は，一人ひとりに対して，合計で K 回の検査を行えばよいのです．幸運にも 1 回の検査（一括検査だけ）で済むこともありますが，$(K + 1)$ 回検査をしなければならないこともあります．しかし，この方法なら，最初から一人ひとりに検査をした場合よりも，少ない回数でよさそうです．

全体で何人分の血液サンプルを一つにまとめるのが最善かは，個別検査で陽性となる確率によります．この確率が 1% だとしましょう．ここで 10 人分の血液サンプルを一つにま

とめて検査を何回も繰り返したとすると，そのうち約10%にあたる回数で陽性になり，約90%にあたる回数で陰性になります．したがって，90%にあたる場合で1回の検査ですみ，10%に当たる場合で11回検査が必要，ということになります．平均して2回ということです．サンプルを一つにまとめることで，10人分の平均費用を500ポンドから100ポンドに減らすことができるのです．1,000人の入隊候補者を10人ずつ100の集団に分ければ，当初見込まれていた費用5万ポンドを80%も節約できるのです！

さらに厳密な計算を行うと，個別検査で陽性となる確率がやはり1%だとしても，10人よりも11人ずつの集団にした方が，もうちょっと費用が節約できることがわかります．とはいえ，その差は些末なものです．しかしながら，何人分のサンプルを一つにまとめるのが最善になるのかは，検査で陽性になる確率によってかなり変わるものなのです．入隊候補者全員のうち2%が個別検査で陽性になると予想されるとき，8人分のサンプルを一つにまとめると費用を最小にすることができます．その確率が5%なら，5人分のサンプルを一つにまとめるのが最善となります．10%なら4人分ということになります（ここでも，二項分布を使って答えを出しています）．

実際に，第二次世界大戦中，米軍は，このようなシンプルな考え方を採用することで，当初見込まれていた費用を80%節約できたのです．

航空機予約のオーバーブッキング

　オーバーブッキングがあると，航空会社は，料金を支払ったのに搭乗直前に予約を取り消さざるを得なかった人に，お詫びに金品を渡さなければなりません．にもかかわらず，航空機の座席数よりも多い数の航空券を販売するのが慣例になっています．その理由はまさに経済学的なものです．航空会社が航空機を飛ばす費用が，乗客の数で変わることはほとんどありません．しかし，空席が一つあるごとに，航空会社は収入を逃していくことになります．フライトを予約した人がみな時間までに到着するとは限らないと予想される中で，航空会社が最適なオーバーブッキングの数を計算するには，どうしたらよいのでしょうか？

　この航空機には席が100あるとしましょう．一席あたりの料金は2万円です．しかし，満席のため客が搭乗を断られる羽目になった場合，客に4万円払わねばなりません．航空会社には，予約客が実際にその場に現れる確率のよい推定値が必要です．休暇を過ごすための場所までチャーター便で飛ぶような場合には，この確率は100％に近いでしょう．しかし，柔軟な旅行計画を立てている予約客の場合，この確率はかなり低そうです．実際の頻度のデータがあれば，これらの確率のよい推定値を得るのに使えることでしょう．

　予約客がフライトに間に合うように到着する確率が80％だとしましょう．航空券を120枚売れば，240万円の収益があります．このとき，平均して96人しか現れないことになりますが，約15％の確率で100人を超える予約客が現れて少なくとも一人が置いて行かれることになります（ここでも

また，二項分布を使って計算をしています）．このような場合，オーバーブッキングのお詫びのために使われる平均額は，16,000円になります．航空券を5枚多く販売すると売上額は10万円増えますが，お詫び金は55,000円増えるだけです．平均して収益が最も大きくなるのは，航空券を128枚販売する場合です．125枚販売する場合と比べても，売上額は6万円増え，これはお詫び金の増分59,000円を上回ります．129枚販売する場合には，128枚販売する場合よりもちょっと悪い事態になります．

予約客の中にはフライトに間に合うように到着する確率が相対的に高い人たちがいると考えた方が，より現実的です．そのような人たちの集団が一緒に予約するならば，全員が現れるか，誰も現れないかのいずれかになります．このような想定をモデルに付け加えることができます．しかしそれでも，航空会社は，お詫び金の期待値の増分が売上額の増分を上回らない限りは，航空券を販売し続けることになるでしょう．

待ち行列

確率論の応用で最も発展を遂げたのは，さまざまな種類の待ち行列の研究です．この研究は最初，電話の混雑を理解しようとする試みによって弾みがつけられました．それがデンマーク人電話技師アグナー・アーランの研究です．彼を称えて，電話通信量単位に彼の名が使われています．待ち行列理論のおかげで，1948年から1949年にかけてのベルリン大空輸も成功しました．そしてその後20年の間に，待ち行列に

関する体系的研究が盛んになったのです．

デビッド・ケンドールは，A/B/n という形式の記号法を発案しました．これは，客が一人ずつ到着するような待ち行列を表すための簡略な表記法として，今や広く使われています．1番目のAの部分は，ある客が到着してから別の客が到着するまでの時間の分布を表します．2番目のBの部分は，一人の客にかかるサービス時間の分布を表します．3番目の n はサービスの数（例えば窓口などの数）です．

例えば，D/D/3 の場合，D は「決定論的」（deterministic）の略号で，ランダムなところがまったくないという意味になります．客は決められた時間間隔できっちりとやってきます．サービス時間はどれもまったく同じ長さです．サービスをする人は3人です．この待ち行列は，確率論の領域ではほとんど関心を引かないことでしょう．ばらつきがまったくないのですから．しかし，客になる人の数がきわめて大きく，一人ひとりの客がある一定の短い時間間隔できわめて小さい確率で現れる，と仮定しましょう．すると，全体的に，客は平均的に見ると一定の割合で到着しますが，客の到着は完全にランダムであることになります．ここで，マルコフを称えて，M という記号を使いましょう．例えば M/D/2 は，客がランダムに到着し，サービスをする人二人のうち一人を選び，サービスをする人は一定の時間で仕事をする，という意味になります．

私たちが知りたいのは，待ち行列がどのような振る舞いを見せるかです．特に，客が待つ時間がどれくらいになるか，どれくらいの頻度でサービスをする人がぶらぶら遊んでいる

ことになるか,客の待ち時間やサービスする人が暇な頻度を改善するためにはどうしたらよいか,ということが問題です.ここで,「サービスをする人」が集中治療のためのベッドで,「客」が集中治療の必要な患者だとしてもかまいません.

客が平均して5分ごとに訪れ,サービスをする人が3人だとすると,平均サービス時間が15分未満でなければ,無限の長さの列ができあがって,作業全体が継続できなくなります.そこで,サービスする人の数を考慮した平均サービス時間が,客の到着から次の客の到着までにかかる平均時間よりも短いことを想定せざるを得ません.この二つの平均時間の比を,「トラフィック密度」とよびます.トラフィック密度は0から1までの値をとります.

理想的な状況では,客が目にする待ち行列は短いものしかなく,サービスをする人は休みなく忙しい,ということになるでしょう.しかし,この二つのことはまさに両立しがたい要請です.単純化して,サービスをする人が一人で,客がランダムに到着するという場合を考えてみましょう.トラフィック密度が0.9だとして計算すると,平均して約5人の客が待っていると予想できますし,並んで待っている人が誰もいないためサービスをしていない時間は全体の約10％にあたる時間だと予想できます.トラフィック密度が0.98に上昇すると,サービスをしていない時間はちょうど2％になりますが,待ち行列の長さの平均は25人にまで延びます.たいていの客は,これでは前よりも悪くなったと思うでしょう.サービスをする人に「仕事をしていないで遊んでいる時間」

が十分にないと，客は怒り出すか，その場を立ち去るか，あるいはその両方，ということになってしまいます．

　待ち行列の振る舞いは，トラフィック密度以外の要因によっても左右されます．他の条件が等しければ，サービス時間の変動（ばらつき）が大きければ大きいほど，待ち行列は長くなると予想できます．サービスをする人が何人かいる場合，私の最寄り駅のように中央に一列に並んでから6つの窓口に分かれるのか，私の家の近くにあるスーパーマーケットのようにどこに並ぶか自分で決めてそこから離れないようにするのか，ということが重要です．救急車をよぶ場合のように，優先度の高い客がいる場合もあります．「先着順（早い者勝ち）」という規則の待ち行列も多いですが，長期保存に耐える品が棚に収められていて使われるのを待っているという場合，「後着順（最後に来た人から順にさかのぼって）」というルールにしてもよいかもしれません．行列がさらに複数の行列に分かれる場合もあります．サービスをする人の仕事の速さがさまざまだという場合もあります．客がひとまとまりになって一緒にやってくるということもあるでしょう．待ち行列理論の研究者の中でも観察眼の鋭い人たちがすでに，現実的に考えられるモデルならたいていのものを考えてきており，それらのモデルで重要な問題となっていることに対しても解答を見つけてきているのです．

第8章
その他の応用

　さいころ，カジノでの賭博，自然科学の諸分野における確率論の応用を見てきました．これ以外のところでも確率論が応用されているのですが，それは見逃されがちです．この章では，法律，社会科学，スポーツ，経済学の分野での応用をいくつか取り上げて，確率がいたるところで利用されていることを強調したいと思います．

　ここで紹介する応用例には共通のテーマがあります．私たちの行う意思決定が，さまざまな結果の確率に左右されるので，その確率の信頼できる推定値とみなせるものに到達するための方法が必要だ，ということです．

法律に関わる問題

　デニング卿は，20世紀の英国の判事で最も有名な人の一人ですが，数学の学位を持っていました．とはいえ，確率を楽に操れる法律家はほとんどいないでしょう．これは，確率に関するいい回しが法廷でたくさん使われているので，驚くべきことでありますが．民事訴訟，例えば文書などによる名誉毀損に関する訴訟において，「蓋然性の均衡により」とい

えば，立証の確実さに50％のところで線を引いていることは明白です．他方で刑事訴訟では，陪審員団は有罪が「確か」なときに限って有罪と宣告することが求められていますが，「確か」といえるのは確率がどれくらいの値のときかに関して，意見の一致などありません．有罪が80％確かならば有罪と宣告したいという人もいるでしょう．95％以上にしたいという人もいることでしょう．これは，明らかに主観確率です．しかも，どのような犯罪であれ同じ文言が使われていますが，相対的に重要性の低い犯罪の証拠に対しては相対的に低い閾値をあてはめようとする人もいます．それだと，無賃乗車よりも大量殺人の方が有罪宣告をするのが難しいことになりますが．

被告人のDNAが犯行現場で見つかったDNAと一致するという証拠を専門家が提出したとします．犯行現場で見つかったDNAが，ランダムに選ばれた無罪の人のDNAと一致する確率は，数百万分の1だとしましょう．陪審員がこのことを解釈する際，二つの異なった問題があることになります．一つは，陪審員が，これは「犯行現場にあったDNAが被告人のものではない確率が数百万分の1」といっているに等しいと考えるかもしれない，ということです．もう一つは，1,000万分の1と10億分の1は100倍も違うのに，これくらい小さい値はみな同じとみなすかもしれない，ということです．

前者は「訴追者の誤謬」とよばれてきました．これは明らかに，DNAが一致したときに無罪である確率と，無罪であるときにDNAが一致する確率とを，同じものとみなしてい

ます．論理的にはおかしなことです．ルーレットに偏りがない場合に0が出る確率は，0が出たときにルーレットが偏りのないものである確率と同じではありません．このような落とし穴に陥らないようにするためには，住民のうち何人のDNAが犯行現場にあったDNAと一致するか，その推定値を陪審員団に教えればよいかもしれません．人口規模が約6,000万人の場合，一致する確率を200万分の1とすると，30人くらいです．この確率が2,000万分の1だとすると，約3人です．6人を上回るということは起こりそうにありません．とはいえ，「ランダムに選ばれた」ということを見落としてはいけません．犯罪者の近親者の数が多ければ多いほど，DNAの一致が起こりやすくなると予想できるので，専門家が提出した，被告人に不利になるような証拠の力が弱まるのです．

後者のような誤りを避ける方法で最もよいのは，ベイズ・ルールによる証拠の有用性の評価法を，思い出してもらうことでしょう．証拠が提示される前に，被告人が有罪であるオッズに関して，何らかの考えをもっているはずです．無罪であるときよりも有罪であるときの方がこの証拠が10倍得られやすいならば，有罪であるオッズを10倍します．しかし，有罪であるときよりも無罪であるときの方がこの証拠が3倍得られやすいならば，有罪であるオッズを3で「割り」ます．ほかの状況でも同じように考えることができます．上述のような，DNAが一致するという証拠に関していうと，たいていの場合，有罪だったとしてこの証拠が得られる確率は100％です．この証拠のもつ影響は明かでしょう．有罪であ

るオッズに掛ける「数百万」という数値は,実際にはそれくらいの大きさであればどんな値でもよいのです.

ランダマイズド・レスポンス法

ある学校の校長が,上級生の中で大麻を吸っている人がどれくらいの割合でいるか,確かめたいと思っています.直截な聞き方をしても,本当のことをいってくれそうにありません.しかし,「ランダマイズド・レスポンス法」が使えます.この方法の核となっているアイディアは,次のようなものです.回答を記録する教師は,どのようなことが実際に尋ねられたのかわかりません.そのため,大麻を吸っている人も,自分が吸っているか否かが教師にわかるというおそれがないので,正直に答えることができます.

「私は大麻を吸っています」と書かれたカードを 80 枚,「私は大麻を吸っていません」と書かれたカードを 20 枚,用意します.それぞれのカードを,形状がまったく同じ封筒に入れます.この 100 枚の封筒を大きな袋に入れて,よくかき混ぜます.このようにしているのを,生徒たちは見ています.そのため,生徒たちには,この袋には上述の 2 種類のカードが入っていること,その割合は上に述べたようなものであることがわかっています.

アンジェラが一つの封筒をランダムに選んで,開封し,カードに書かれていることを黙読しました.ここで,カードに書かれていることと自分の行動とが「一致している」か「一致していない」かだけを答えることにします.それからカードをもとの封筒に入れて,袋に戻します.袋をよく振ってか

ら，次の生徒に渡します．

「一致している」という回答が全体の 1/3 だったとしましょう．生徒は封筒をランダムに選んでいるので，生徒が正直に回答しているとすると，「一致している」と答えたのは，大麻を吸っている人のうち 80％と，大麻を吸っていない人のうち 20％だということになります．代数の計算をちょっとすれば，以上のことから，生徒のうち 2/9 が大麻を吸っていることになるとわかります．校長は，個々の生徒が大麻を吸っているか吸っていないか知ることなく，答えを出せるのです．

別の方法もあります．「私は大麻を吸っていません」と書かれたカードを，大麻と関係がなく，しかも「一致している」という回答の比率がわかる，ほかの質問に関するものに変えます．すでに実施された調査から，ペットを飼っている生徒が 1/2 だとわかっているとします．ペットを飼っているか否かと大麻を吸っているか否かとを結びつける理由は何もありません．そこで，20 枚のカードには「私はペットを飼っています」と書くことにしましょう．すると，もし「一致している」という回答が全体の 1/3 なら，7/24 の生徒が大麻を吸っているという推定値が得られます．

これらの推定値を求めるための計算を，付録に示しておきましょう．

どちらのことが尋ねられるが不確実であればあるほど（すなわち，2 種類のカードの割合が半々に近ければ近いほど），最終的に得られる推定値も不正確なものになります．「私は大麻を吸っています」と書かれたカードの割合を，できるだ

け大きくしなければならないと同時に，本当に大麻を吸っている人たちが正直に答えても影響はないだろうと思えるくらいに十分小さくしなければなりません．95％ものカードに「私は大麻を吸っています」と書くようにしてしまうと，うまく行くことはないでしょう．

世界アンチ・ドーピング機関（WADA）

世界アンチ・ドーピング機関は，スポーツを健全な活動として普及させることを目指しています．そのために，運動能力向上薬を使ったスポーツ選手を見つけ出し，競技会に参加できないようにしています．しかし，ドーピング検査にどのような方法を採用しても，相反する2種類の誤りを免れることができません．一つは，スポーツ選手が実際には運動能力向上薬を使っていないのに，使っていると断言してしまうという誤りです．もう一つは，スポーツ選手が運動能力向上薬を使っているのに，それに気づけず，使っていないとみなしてしまうという誤りです．

残念なことに，たいていの場合，一方のタイプの誤りをおかす確率を小さくするための方法を用いると，もう一方のタイプの誤りをおかす確率が大きくなる傾向があります．テストステロンとエピテストステロン（テストステロンの立体異性体）との比，すなわちT/E比を使う方法を，例として取り上げましょう．これらの物質は通常でも身体中で作られていますが，テストステロンを摂取して不正をしようとしているスポーツ選手では，T/E比が高くなります．この比がある一定の値，例えば6対1を上回るような選手は，出場禁止

になります．しかしながら，T/E比は自然の法則に従って変動します．月経周期によっても変化しますし，インフルエンザにかかると増大します．判断の際の境界とする値を大きくしすぎると，不正があっても検査にまったく引っかからないことになります．低くしすぎると，不正をしていない選手が何人も，誤って責めを受けるはめになるでしょう．

検査で誤りが生じる確率が1％であるとしましょう．これは，選手が潔白であるのに検査に引っかかる確率が1％で，選手が運動能力向上薬を使っているのに検査に合格してしまう確率も1％，という意味です．さて，選手のサムが検査に引っかかりました．サムが潔白である確率はいくつでしょうか？

このようにいわれると，「1％」といいたくなる気持ちを抑えきれないように思えます．なぜなら，この検査は100回に1回誤った結果を示すので，サムが合格しないことがわかったら，その結果も100回に1回間違っているだろうから，と．しかし，この誘惑に負けてはいけません．妥当な答えはこうなります．「わからない．どんな値の確率でもあり得る．母集団の中での薬物使用率を知る必要がある．」

母集団での薬物使用率が1％であるとしましょう．1万人中100人が薬物を使用しており，9,900人が使用していないことになります．検査では，100人中1人の薬物使用が見逃され，99人が引っかかることになります．他方で，潔白である9,900人のうち1％にあたる99人もまた，検査に引っかかってしまいます．検査に合格できなかった人たちのうち，「半分」が潔白だということです．この場合だと，サム

が潔白である確率は50％になるでしょう．

　薬物使用率が1％でなかったとしたら，結論も変わってきます．これよりも高い率だと，サムが潔白である確率は小さくなります．これよりも低い率だと，サムが潔白である確率はさらに大きくなります．この検査の性能は立派に見えるものの，薬物使用率が低ければ低いほど，十分なものとはいえなくなるのです．

　同じ論理が，空港でテロリストを見分ける方法に関しても当てはまります．検査装置の性能がいくらよいといっても，完全ということはあり得ません．本物のテロリストが検査装置によるチェックをかいくぐる確率が，とても小さく，1万分の1であるとしましょう．テロリストでない人が徹底的な尋問を受けるために別の場所に連れて行かれる確率も，極めて小さく，100万分の1であるとします．この検査に引っかかった人がテロリストである確率はいくつでしょうか？

　乗客としてやって来る人の中にテロリストがどれくらいの割合でいるかわからなければ，答えが出せません．100万分の1としてみましょう．ヒースロー空港を利用する乗客が1年間で5,000万人であることを考えると，ぞっとするほど高い割合ですが，これらの数字を使うと，テロリストは1年間に50人であるとはいえ，その全員をテロリストと見破れる確率が圧倒的に高いという確信がもてそうです．

　残念なことに，潔白な乗客でテロリストとされてしまう人が500人もいます！　この検査装置のシステムで止められた人のうち，テロリストは10％未満です．しかも，もしテロリストの数が50人よりも少なかったら，呼び止められた人

がテロリストである確率は、さらに低くなります。この検査装置のシステムが使い物になるようにするためには、性能をもっとよくしなければならないのです。

サッカーの結果（その1）

英国では、サッカーの結果に対する賭けが関心の的になっています。どんなに奇抜であっても、賭けの対象にならないものはありません。例えば、スローインが何回行われるか、ゴールを決めた選手のシャツに書かれた数字の合計はいくつか、一試合中に何枚のレッドカードとイエローカードが出されるか、などに賭けることもできます。しかし、最も関心をもたれているのは、ホームのチームが勝つ、引き分ける、アウェイのチームが勝つ、という3つの結果のどれになるか、ということです。賭けをする人が合理的であれば、これらの結果それぞれの確率を評価することでしょう。そして、その人がどの結果に賭けるか、どのくらいの金額を賭けるかは、その確率の評価とブックメーカーが提示する賞金金額とによって決まるでしょう。

しかし、賭けをする人は、どのようにすればさまざまな結果に対する信念の度合いを引き出せるのでしょうか？ 2009年5月、統計学者のデヴィッド・スピーゲルホルターは、BBCのラジオ番組「モア・オア・レス」でこの難問を取り上げました。その際彼は、プレミアリーグで行われる2日後の10試合を分析しました。彼は各試合について、各チームの攻撃力と相手チームの防御力を考慮して、両チームのゴール数が平均していくつになるか推定しました。例えば、アー

セナルがホーム試合でストーク・シティに対して平均して2.1のゴールを決めると推定しました.

実際に2.1という数のゴールを決めるチームなどありません.しかし,この数は,ありうる限りの数の試合を仮想的に考えて平均を求めたものです.ここで難しいのは,一つの試合でゴールの数がそれぞれ0, 1, 2, 3, …となる確率を求めることです.スピーゲルホルターは,ポアソン分布を使いました.何年にもわたるデータから,実際のゴール数が平均のまわりにどのようにばらついているかを表すのにポアソン分布が良さそうだとわかったからです.アーセナルの2.1という値を用いた場合,ゴールなしの確率が12%,1ゴールの確率が26%,2ゴールの確率が27%,3ゴールの確率が19%,…となりました.

ストーク・シティのデータから,平均ゴール数は0.67となりました.これを確率に変換すると,ゴールなしの確率が51%,1ゴールの確率が34%,2ゴールの確率が11%,…となります.ここで,各チームの平均ゴール数が独立であるとただただ信じることにしましょう.すると,2対1というスコアになる確率は,ホームのチームが2ゴール決める確率とアウェイのチームが1ゴール決める確率とを掛け合わせれば求められることになります.この場合,27%×34%で,約9%になります.

このようにすれば,試合のスコアがどのようなものであっても,その確率を推定できます.ここで,ホームのチームが勝つ,引き分ける,アウェイのチームが勝つ,という3つの結果それぞれの確率を求めるには,加法則を使います.つま

り，これら3つの結果それぞれにつながるようなスコアの確率をすべて足し合わせればよいのです．このケースでは，アーセナルが勝つ確率が72%，ストーク・シティが勝つ確率が10%，引き分けの確率が18%です．確率が最も高いのは，2対0で，その確率は14%です．

馬鹿にはできません！ 10試合で，最も高い確率が与えられたスコアにちょうどなったのは，2試合でした．10試合のうち8試合では，最も起こりそうだとされた結果となりました．賭けをする人が，それぞれの試合の「最も起こりそうな結果」に賭け，「期待される」スコアぴったりに賭けていたなら，試合結果がだんだんとわかってくるにつれて，喜びの笑みを浮かべることになっていたでしょう．

アーセナルが試合に勝つという確信度が72%という考え方と，頻度の考え方とは，どのようにすれば折り合いがつくのでしょうか？ このゲームを何百回も繰り返してそのうち何回でアーセナルが勝つか数えることは，まったくできないのですから．ここで，気象予報士が明日雨の降る確率は30%だといったとして，その信頼度をどのように判断しているか，という話を思い出してください．明日という日は一つしかありません．そして雨が降るか降らないかのどちらかです．しかしながら，気象予報士が雨の確率30%とするような状況をすべて調べて，そのうち雨が実際に降った頻度をチェックすることができます．明日の天気予報を信じるか信じないかは，気象予報士の成績全体から決めればよいのです．サッカーの試合に関しても，同じような計算を，シーズン中のすべての試合についてすることができます．全試合の

第8章 その他の応用

中で，ある結果が生じる確率が72％となるような試合が40くらいあったとしましょう．この「予想された」結果が約72％の頻度で実際に起こったか否かをチェックできます．これによって，ここに示した方法が妥当であるか確認できるのです．

この考え方を使えば，賭けをする人は金儲けができるのでしょうか？ 賞金金額は，それぞれの結果にどれくらいのお金が賭けられるのかにかなり左右されます．通常，賭け金の額が最も多いのは，一方のチームが他方のチームに勝つという結果です．サッカーの賭けにのめり込んでいる人には，引き分けに賭けることが魅力的には思えないようです．しかし，引き分けの確率が25％で払戻率が3対1より大きければ，儲ける機会があるのです．

最も儲かるのは予想される確率が最も高い結果に賭けることだと思わないようにしましょう！

サッカーの結果（その2）

2010年ワールドカップ決勝トーナメントが始まる前に，統計学者イアン・マクヘイルは，自分の計算結果を公表しましたが，そこでは出場32チームそれぞれに，0でない優勝の確率が割り当てられていました．彼はスペインを優勝候補としていました．とはいえ，スペインが優勝する確率は11.6％でしかありませんでした．次点はブラジルで，優勝する確率は10.3％とされていました．

これらの数値を得るのにマクヘイルは，上述のような，各試合に関する確率を計算する方法と似た方法を用いました．

しかし、さまざまな試合結果の確率を直接求めたわけではありません。モンテカルロ法によるシミュレーションを頼りにしたのです。

例えば、イングランドの平均ゴール数が1.5になるような試合に関していうと、ポアソン分布のモデルから、ゴールなしの確率が22％、1ゴールの確率が33％、…となります。コンピュータで乱数を発生させるプログラムを使えば、0, 1, 2, 3, …という値の中から一つを、それに見合った確率で選ぶことができます。これと同じことをイングランドの相手になるチームについても行えば、例えば2対2で引き分けになる、というような結果が得られます。同様のシミュレーションを全日程の試合について行い、グループ予選結果をシミュレートし、さらに決勝に至るまでのトーナメント試合すべてをシミュレートしました。このようなシミュレーションを10万回繰り返し、そのうち何回で各チームが優勝するか数えて記録しました。スペインが「優勝した」のは11,633回だったので、前述のような11.6％という数字になったのです。例のごとく、ここでも大数の法則が根拠とされました。

そして、スペインが実際に優勝したのです！ マクヘイルが出した確率は「正しかった」のでしょうか？ その答えを知ることはできません。トーナメントを無限回繰り返すことができたとしたら、そのうちスペインが優勝するのは65％にあたる回数だったかもしれません。しかし、マクヘイルの方法が理にかなっていることを最もよく示すのは、ブックメーカーも同じ道筋をたどって払戻率を設定し、賭けに参加する人たちの気を引こうとしていたことでしょう。

ブラック・ショールズ・モデル

株価は不規則に変動します．その変動に，すぐにわかるような理由がまったくないこともあります．今の株価が1,000円だからといって，来月にいくらになっているかはわかりません．しかしながら，「オプション」を買うことができます．これは，将来の一定の日時が来たら，例えば1,040円という「権利行使価格」でその株を購入する（あるいは売却する）権利のことです．その日時が来たとき，株式市場での価格が1,040円未満だったら，その株を購入する権利を行使しない方がよいでしょう．株価が1,040円よりも高ければ，そのオプションを引き受け，それから直ちにその株を売りに出すことで，即座に利潤をあげることができるでしょう．同じようなことが，株を売却するためのオプションについてもいえます．さて，このオプションの適正価格はいくらでしょうか？

フィッシャー・ブラックとマイロン・ショールズは1973年にこの問題に取り組みました．彼らの研究の中核にあった仮定は，株価の変化にはランダムな変動が伴うが，そのランダムさはある特定の形でガウス分布と関係している，というものです．売る権利であれ買う権利であれ，オプションの適正価格は，現時点での株価，オプションが行使される時点での株価，現時点とオプション行使時点の間の時間間隔，（国債などリスクのない金融資産の）実勢金利，原株価のボラティリティ（これは価格の変動の激しさを表す指標で，単位時間あたりの標準偏差で測定されます）で決まることを，彼らは示しました．なんと，株価の平均変化率によって決まるのではないのです！

これは，驚くべきことです．しかし，計算の結果こうなるのです．これは，きわめて役に立つ性質でもあります．株価のトレンドを推定してそれを加味して不確実性を考える必要がまったくないのですから．オプションの適正価格が知りたければ，無料のソフトウェアが普及しているので，それを使えばよいでしょう．いつも使っている検索エンジンに「ブラック　ショールズ」と入力するだけで見つかります．現時点での株価とオプションが行使される時点での株価を所与とすると，買う権利のオプションの価格は，期間が比較的長いか，金利が比較的高いか，株価のボラティリティが比較的大きいときに，増加します．

　すぐ前に述べたことは，どの程度直観と一致するでしょうか？　期間については，理にかなっているように思えます．待つ覚悟ができている時間が長ければ長いほど，現物株の価格が大きくなる確率が高くなるのですから．ほかの二つの要因に関することは，理解しがたいものです．ボラティリティが大きくなると，株価が急騰する確率も大きくなります．しかしそれと同時に，株価の平均変化率が「小さくなる」（そしてマイナスとなる）ことも起こりやすくなりそうです．結局，前者の効果が後者の効果よりも大きいことがわかるのですが．

　ボラティリティは，1年間のうちの取引日250日くらいにわたる株価の変化を見ることによって，測定できます．このような観察をしてデータを得れば，それは推定値を信頼できるものにするのに十分なもののはずです．しかし，現時点での状況を当てはめるのが的外れになるようなところまで，過

第8章　その他の応用

去にさかのぼって行くべきではないでしょう．ボラティリティの推定値がお粗末なものであると，オプションに対して適切とはいえない価格を付けることになってしまうでしょう．

モデルというものは，鍵となる仮定がいずれも破られていないときに，初めて役に立ちます．加えて，ガウス分布を株価変動のモデルにするということは，（78ページの）図7からわかるように，標準偏差の3倍あるいは4倍よりも大きな株価下落のような大惨事が起こる確率がきわめて小さいと考えていることになります．このような大惨事が実際に起こる確率をかなり過小評価していると，モデルの土台が崩されることになります．そこから導かれる結論も，しっかりした根拠などまったくないものになりかねません．この種の問題を扱うのには，第4章で紹介した極値分布が用いられてきています．

株式のポートフォリオ（リスク分散のための組み合わせ）

A社とB社は，ともに利潤が期待できそうな会社です．利子率が低い場合，A社は20％の利益を生み，B社は40％の利益を生むことが期待できます．利子率が高い場合，形勢が逆転して，Aが40％，Bが20％となります．ここで，ニックがリスク回避的な投資家で，メアリーがリスク志向的な投資家であるとしましょう．

利子率が低いことと高いこととが，同等に起こりやすいとすると，両社とも収益の平均は30％で，同じように魅力的に見えます．リスクに対する自分の態度と矛盾しない形で行動すると考えると，ニックは自分の資金をこの二つの会社に

均等に分けることでしょう．それによって，利子率が高くても低くても，30％の利益を手に入れることができます．これに対しメアリーは，どちらか一方の会社にだけ投資するでしょう．これでうまくいけば40％の利益を得ることが望めますが，20％しか得られなくてもそれを受け入れねばなりません．

ここでB社がC社に取って代わられたとしましょう．C社は，利子率が低いときには10％の利益を生み，利子率が高いときには50％の利益を生みます．やはり平均は30％で，B社と同様です．しかしもはや，自分の資金をA社とC社の両方に分けるのは，ニックにとってもメアリーにとっても，道理に合わないことになります．ニックはA社だけに投資しようとし，メアリーはすべての資金をC社につぎ込もうとするでしょう．

本質的な違いは，A社から得られる利益とB社から得られる利益との間に「負の相関」があるのに，A社から得られる利益とC社から得られる利益との間には「正の相関」があることです．A社とB社では，一方の収益率が高ければもう一方の利益率は低いという傾向があります．これに対しA社とC社では，ともに収益率が良いかともに収益率が悪いかのいずれかです．「相関」の大きさは，-1（完全な負の相関）から$+1$（完全な正の相関）までの尺度で測定されます．もし二つの資産の値が独立に変動するなら，相関は0になります．

リスク回避的な投資家は，どこかで損失が出てもほかのところで得た利益で埋め合わせられるように，所有財産を分散

第8章 その他の応用

して投資しようと考えます．負の相関がある資産を持とうとするのです．しかし，次のような論理を逃れることはできません．XとYの間に負の相関があり，YとZの間に負の相関があるならば，XとZの間には正の相関が見られる傾向があるのです！

しかしながら，すべてを失うというわけではありません．サロモン・ボホナーが数学的に証明したことによれば，大きなポートフォリオの中にある資産でペアを作ったときに，すべてのペアの相関が負であることが「ありうる」のです．しかし，資産の数が増えれば増えるほど，すべてのペアの相関を負にすることは困難になるのです．

第9章
直観に反する帰結とジレンマ

　本書の冒頭で，確率には一見したところ常識に反するように思えるところがあると述べました．話を進める中で実例も示してきました．この章でも，さらに例を挙げていきます．その例は，直観に従うと道に迷うけれども，よくよく注意すれば，矛盾に見えたことを説明できる，ということを示したものです．確率というものは，本当の意味でのパラドックスを完全に免れているのです．

　確率の考え方は，賢明な意思決定をするのに役立ちうるものです．しかし，何らかの事象の確率を考えることで，やっかいなジレンマに陥ってしまう場合もあることがわかります．

パロンドのパラドックス

　グレアム・グリーンの小説『負けた者がみな貰う』（丸谷才一訳, ハヤカワ epi 文庫, 早川書房, 2004）は, すばらしい読み物です．しかし，間違った前提で書かれています．数学的で優れた方法でルーレットの賭けを組み合わせれば，カジノでなく客の方が有利になる，という前提です．現実は反

| 負け | 左 | 開始 | 右 | 勝ち |

図 11 アツミアンのゲームを行うためのボード

対です．個々の賭けがみなカジノ側に有利であれば，どんな組み合わせにしても客の側が損失を取り戻して有利になることはありえないと数学的に証明されてしまっているのです．皆様，申し訳ございません．

すべての賭けが一方に有利なときにはつねに，他方が有利になるように賭けを組み合わせることは不可能である，という主張をどのように定式化するかに関して，まさに厳密でなければならないということを，フアン・パロンドは示しました．ここではそのアイディアをディーン・アツミアンが修正したものを紹介します．アツミアンは，図11のような，5つのマス目があるボードで行うシンプルなゲームを提示しました（これは「本物」のゲームではありません．ただ，主張が正しいことを示すだけのために組み立てられたものです）．

何らかの方法で，1％にあたる回数で生じるランダムな事象を作り出す必要があります．袋の中に白玉99個と黒玉1個を入れてもよいでしょう．回転盤で，100区画のうちどの1区画でも同じ確率で静止するようにしたものを使ってもよいでしょう．ゲームを始めるにあたり，「開始」と書かれたマス目に駒を置きます．駒を動かすときには必ず，1回につき右方向か左方向に一つずつとします．駒が，「負け」と書かれたマス目に到達する前に「勝ち」と書かれたマス目に到達すれば，ゲームに勝ちます．

ここでゲームの仕方を2種類考え，それを「アンディ」と

「バート」とよびましょう．アンディでは，「開始」からはつねに「左」に，「右」からはつねに「勝ち」に，駒を移動します．「左」からは，回転盤を使って，「負け」に移動する確率が1％で，「開始」に戻る確率が99％になるようにします．バートでは，「開始」からは，回転盤を使って，99％の確率で「右」に移動し，1％の確率で「左」に移動するようにします．「右」からはつねに「開始」へ移動します．「左」からは，アンディと同様に，回転盤を使って，「負け」に移動する確率が1％で，「開始」に戻る確率が99％になるようにします．

このゲームの分析はいたって簡単です．アンディでは，「右」に到達する可能性はまったくありません．あらかじめ定めた確率で「左」から「負け」に移動しない限り，「開始」と「左」の間を行ったり来たりします．バートでは，たまに「左」に行くことがあるだけで，それが起こらない限り，たいていは「開始」と「右」の間を行ったり来たりします．しかし「左」に到達したら，上述のような確率で「負け」に移動するという結末に至ることがあります．アンディでもバートでも，「勝ち」に到達する確率は0です．

ゲームの仕方をもう一つ考え，これを「クリス」としましょう．これにも偏りがないコインが必要で，コインを毎回投げることにします．表が出たらアンディを使います．裏が出たらバートのルールに従います．

クリスで勝つ確率はなんと98％であることがわかります！　なぜこれほど有利なのかは簡単に理解できます．いったん「左」に到達した場合，「開始」という安全地帯に戻る

ことが圧倒的に多いのです.「開始」から,バートを使って移動する確率は1/2です.ここでバートを使う場合,99%の確率で「右」に移動します.「右」にいるときに,アンディを使う確率は1/2です.「右」にいてアンディを使うことになれば,必ず「勝ち」に到達します.

アンディかバートの一方だけを使っている限り,必ず負けます.しかし,この二つのうちどちらを用いるかをコイン投げで決めると,ほとんど毎回勝ちます! このような例を除外しながら,グリーンの小説の筋があやふやな根拠に基づいていることを裏付けるような数学的定理を考え出すためには,まさに厳密な言語が必要なのです!

2 + 2 = 4, それとも 2 + 2 = 6?

偏りのないコインを使って,ベルヌーイ試行列を行うとしましょう.すなわち,そこにおけるコイン投げは独立で,表になるか裏になるかは同様に起こりやすいとしましょう.結果は,例えば,HHTHTTTHT…というものになるでしょう.表が出るまでのコイン投げの平均回数は2です.では,HTが出るまでのコイン投げの平均回数はいくつでしょうか? HHではいくつでしょうか?

直観で答えると,どちらも「4回」でしょう.なぜなら,1番目の記号に対応した結果が出るまでに平均して2回,それから2番目の記号に対応した結果が出るまでにさらに平均して2回かかると考えられますから.確かにHTが出るまでのコイン投げの平均回数は4ですが,HHだとそうはなりません.HHが出るまでのコイン投げの平均回数は6なので

す！

　このような違いが出る理由は以下のとおりです．HTが出るまでのコイン投げの平均回数に関しては，Hが出るまでに平均2回，それからTが出るまでに平均2回，それでこのパターンになる，と考えるのは正しいことです．そして，2足す2は4です．しかし，HHが出るまでのコイン投げの平均回数に関していうと，初めてHが出た後で，次がTになるのは2回に1回です．そして，Tが出たら最初からやり直さなければなりません．そのときまでのコイン投げはすべて無駄になってしまうのです．正しい答えを得るために必要な代数の計算は，付録に示しておきました．

　Hが先に出ることとTが先に出ることは，同様に起こりやすいといえます．では，HHとHTでは，どちらが先に起こりやすいでしょうか？　ここでも，HHとHTは同様に起こりやすいといえます．なぜなら，まず先にHが出るのを待って，それから次のコイン投げで答えがわかるのですから．しかしながら，HHとTHでは，後者が先に出ることの方が，前者が先に出ることよりも3倍も起こりやすいのです！　その理由は単純です．HHで始まるのは全体の1/4の回数になりますが，これが起きないなら，必然的にTHが先に出ることになるからです（なぜなのかよく考えてみてください）．

　「ペニーアンティー」というゲームは，以上に述べた考え方に基づいたものです．偏りのないコインを3回続けて投げたときに起こりうる結果には，8つの三つ組があります．例えばHHTとかTHTとかいうものです．この8つの中から

第9章　直観に反する帰結とジレンマ　　169

どれか一つを相手に選んでもらいます．それから，今度はあなたが，相手が選んだのと異なるものを選びます．ここで，中立の立場にある第三者がコイン投げを繰り返し行って，選んだ三つ組が先に現れた方が勝ちとなります．

相手に先に選ばせたということで，相手に有利にしているように見えますが，このゲームはあなたの方に有利です．自分が何をしようとしているのか，よくわかっていればですが．相手が何を選ぼうとも，少なくとも 2/3 にあたる回数でそれよりも先に現れる三つ組を，あなたは選ぶことができるのです！　勝つための方法を付録に書いておきました．

ヒントをください…

(1) 形も大きさも同じで，両面に色を塗ったカードを 3 枚，袋に入れます．1 枚は両面とも青，もう 1 枚は両面ともピンク，残りの 1 枚は片面がピンクでもう一方の面が青です．ランダムに 1 枚選んで，片方の面だけが見えるようにします．ピンクでした．反対側の面がピンクであることと青であることとでは，どちらがよりありそうなことでしょうか？　それともピンクであることと青であることは同じ確率でしょうか？　さあ，どうぞ．答えは後ほど．

(2) 注意深く数えれば，ブリッジで，よく切ってから配られた 13 枚の持ち札には，約 26％にあたる回数でエースが 2 枚以上含まれていることがわかります．あなたはルーシーに札を配りました．「エースが少なくとも 1 枚ありますか？」と尋ねると，ルーシーは「はい」と答えました．これとは別のときに，ティナにカードを配りました．「スペ

ードのエースがありますか？」と尋ねたところ，ティナの答えは「はい」でした．ルーシーとティナとでは，どちらの方がエースを2枚以上持っていそうでしょうか？　それとも，エースを2枚以上持っている確率は二人とも同じでしょうか？　この答えも後で．
(3) 男子1,000人と女子1,000人がある大学の入学試験を受けました．男子のうち480人が合格しましたが，女子の合格者は240人だけでした．これは明らかに性差別ではないでしょうか？　なぜなら，男子の方が女子よりも2倍も合格する確率が高いのですから．

　答えですか？　一つ目，カードの色の問題から．ピンクの面が見えたのですから，明らかに，両面が青であるカードの可能性は除かれます．3つのカードは同じように選ばれやすいものでしたが，これで2枚のカードに可能性が絞られました．ピンク／ピンクかピンク／青かです．この2枚のカードのうち，1枚は見えていない反対側の面がピンク，もう1枚は反対側の面が青です．反対側の面がピンクであることも青であることも，同様にありそうなことに思えます．

　しかし，この推論はずさんなものです．反対側の面がピンクであることの方が，青であることよりも2倍も起こりやすいからです．これは，12回あるいはもうちょっとの回数，実験してみれば確かめることができます．それよりもよいのは，次のようなことに気づくことです．この3枚のカードで，ピンクの面は3つで，この3つの面のそれぞれが見える面になることは同様に起こりやすいことです．しかし，この

第9章　直観に反する帰結とジレンマ

ピンクの面3つのうち，反対側の面が青なのは一つだけです．3つの面のうち2つは，反対側の面もピンクです（ベイズ・ルールを使ってもよいでしょう．鶏を割くのに牛刀を用いるようなことになりますが）．

ウォーレン・ウィーバーは，「情報理論」の基礎を築いた一人ですが，貧乏だった大学院生時代に，ほかの学生に確率を理解することがいかに有用かを教えるために，このゲームをして，いつも勝ってお金を巻き上げていました．

二つ目の，ブリッジの持ち札の問題です．ルーシーもティナもエースを少なくとも1枚持っていることがわかります．エースを2枚以上持っている確率はルーシーもティナも同じという人もきっと多いことでしょう．なぜなら，どのスーツのエースも配られる確率は同じだし，ティナが特にスペードのエースを持っていると打ち明けたことで違いが生じる理由などあるのだろうか，と．しかし，このような考えを振り払って，正しく数えることにしましょう．

ルーシーの場合を考えると，少なくともエースが1枚ある持ち札の手のうち，エースが2枚以上の手の割合は，約37％であることがわかります．ティナの場合，スペードのエースのほかに，12枚の札を持っていますが，この12枚はスペードのエースを除く51枚の札からランダムに選ばれたものです．この12枚の札にエースが含まれるのは，約56％にあたる回数になります．2枚以上のエースを持っている確率は，ティナの方がルーシーよりもかなり大きいのです．

懐疑的精神を持っていれば，三つ目の問題の正解は「性差別とは限らない」となることがわかるはずです．例えば，英

文学部では女子受験者950人のうち20％と，男子受験者50人のうち10％が合格したとしましょう．また経営学部では，女子受験者50人全員が合格でしたが，男子受験者950人のうち合格したのは半分だったとしましょう．合計すると，確かに女子は240名が合格，男子は480名が合格です．ですが，それぞれの学部の中では，女子の合格率は男子の合格率の2倍です．性差別があるとしたら男性に対してであって，女性に対してではありません！

まさしく，現実においても，このようなことが起きました．バークレー大学大学院の受験者1,000人のうち，合格したのは，男子のうち44％と女子のうち35％でした．しかしながら，受験者を専攻ごとに分割してみると，男子と女子とで合格率が異なるとはいえませんでした．とはいえ，合格率は専攻によって異なっており，女子の受験者が最も多かったのは，男子でも女子でも合格率が最も小さい専攻だったのです．

このような直観に反する結果は，「シンプソンのパラドックス」の一例となっています．シンプソンのパラドックスは，絶対数でなく比率を使って計算することが危険なことを示しています．そして，シンプソンのパラドックスはいたるところで生じるのです．

これは，単に直観に反する帰結といってすまされるものではありません．シンプソンのパラドックスの何たるかを知らずして，自分が数理的思考に強いなどといっても，筋がまったく通りません．

知りたいですか？

　これまで，不確実な状況の下で意思決定を行うのに，確率が鍵となることを述べてきました．これを取り下げるつもりはありません．しかし，確率を，これまでとは違った状況で，より詳細に知ることができることから，やっかいなジレンマが持ち上がることがあります．

　いまや個々人が，自分自身の遺伝子配列全体を調べてもらうことも可能です．しかし，ノーベル賞（生理学・医学賞）受賞者ジェームズ・ワトソンとハーバード大学の心理学者スティーブン・ピンカーは，いずれも，APOEという名で知られる遺伝子のどの型を自分が持っているのか知らないでいることの方を選びました．この遺伝子の$\varepsilon 4$（イプシロンフォー）という型の複製を一つ持っていると，アルツハイマー病にかかる確率が4倍になります．その複製を二つ持っていると，その確率が20倍になると考えられています（逆説的なことですが，この$\varepsilon 4$という型を持っていることは，青年期の間には利点につながると考えられています）．ノーベル賞受賞に匹敵する業績があるといわれるクレイグ・ヴェンターは，自分が確かに$\varepsilon 4$の複製一つを持っていると知っています．ある研究所は，研究に自発的に協力しようとする外部の人に対して，その人のAPOEがどうなっているかをけっして開示しない方針をとっています．その根拠となっているのは，現在の知識では，悪影響を軽減するために使える治療法がまったくないということです．

　しかし，営利企業の中には，あなたのAPOEがどうなっているか，さらにいえばあなたのゲノム全体がどうなってい

るかに**まさに**関心をもっている会社もあるといえるでしょう．あなたの遺伝子の組成から若年死の確率が高いことがわかったら，そういう会社は年金給付率をぐんと引き上げようとするかもしれません．同時に，医療保険の掛金ももっと引き上げようとするかもしれませんが．ある個人の遺伝情報をすべて知っている会社があれば，そこは個人用にあつらえたサービス，まさしく顧客の生命に関する見通しに合うように仕立てたサービスを「勧める」かもしれません．

ジョンもトムもともに65歳で，年金を得るために15,000ポンドを払おうかと考えています．この年齢での平均余命は15年とされています．しかし，遺伝子を調べてみると，ジョンはそれよりもさらに10年長く生きられそうなのに，トムはそれよりも10年短い年数しか生きられなさそうです．A社は二人の遺伝的特徴を考慮せず，二人に同じ金額，年1,000ポンドを勧めています．これに対しB社は，遺伝情報を使って，トムには年3,000ポンド，ジョンには年600ポンドという額を勧めています．

ここで，「長い目で見ると，平均に至る」という格言を思い出しましょう．二人はどちらも，金額が高い方に申し込もうとするでしょう．するとA社は，ジョンのような人たちに対して25,000ポンド支払わなければならなくなり，一人あたり10,000ポンドの損失が予想されます．これに対してB社は，トムやその同類にあたる人たちに対して15,000ポンド支払うという予想になり，差し引き損得なしです．A社はつぶれ，B社が生き残ることでしょう．

生き残れる保険会社がB社のようなところばかりだった

としたら，どのようなことが起こるでしょうか？　惨めな状況に陥る人が多数出ることになるでしょう．その中には，時が経つと蓄えを失うと予測されるために，医療保険・旅行保険にまったく入れない人たちもいます．同じ理由で自分の退職後の計画が軽蔑の目で見られていることを知るはめになる人たちもいます．

　法廷弁護士は，反対尋問では，答えをすでに知っている質問しかしないようにと忠告されています．皆さんは，自分のゲノムの配列を教えてくれと頼む前に，自分が知ろうとしていることに対して十分に覚悟ができているか確かめましょう．人生の全段階のことを考えましょう．自分の子どもが生まれたときにその子のゲノムが印刷された紙を手にすると，そこには破壊的なことが書かれているかもしれません．結婚しようかどうかよく考える際，婚約者とともに，自分たちの子どもの誰か一人でも身体的・精神的にひどい悩みを抱えるようになる確率を知ろうとした方がよいのでしょうか？　雇い主には，何らかの病気にかかるリスクが上がるという理由であなたを昇進させない権利があるのでしょうか？　公職で高い地位に就いている人，例えば大統領や首相は，自分に情緒不安定になりやすいという遺伝的傾向があるならそのことを有権者がもっとよく知っているようにするために，自分のゲノムを開示せざるを得ないのでしょうか？

　英国の女性の中から一人をランダムに選ぶと，その人が乳がんにかかる確率は12％です．しかし，もしこの女性がBRCA1あるいはBRCA2という遺伝子の変異を持っていると，その確率は60％に跳ね上がります．3人の子どもを持

った母親がいて，その母親にはこの変異を持った姉（または妹）がいる場合，その母親自身も検査を受けるべきなのでしょうか？　もし検査を受けてその結果がありがたくないものだったなら，（そういう機会があったらですが）娘たちが何歳のときに娘たちの一人ひとりがこの変異を遺伝的に受け継いだ確率が50％であることを伝えるべきなのでしょうか？

　このようなやっかいな状況でどのような感情がわき上がろうとも，上に述べたことは「確率的なこと」であって「必然的なこと」ではないことを思い出してください．この変異を持っている確率がエンマで10％，フィオナで60％としても，エンマが乳がんにかかりフィオナはかからないという結果になることも十分にあり得るのです．自分がこの変異を持っている確率を彼女たちが知ったとしても，彼女たちはこの知識を自分自身のやり方で扱わざるを得ないのです．ここで，意思決定理論で確立された原則を繰り返しておきましょう．合理的な行為というのは，結果の期待効用を最大化するような行為です．そうしたとしても，最もよい結果が得られるような行為を選んだと確信することはけっしてできません．しかし，自分が持っている情報を最適な形で利用したことになるのです．それ以上のことを求めてはいけません．

付録　問題に対する解答

第2章
　偏りがなければ，正八面体のさいころでも十面体のさいころでも，偶数の目が出る確率は 1/2 です．6 の目が出る確率は，正八面体の場合 1/8 で，十面体の場合 1/10 です．3 の倍数の目が出る確率は，正八面体で（3 か 6 で，8 つに二つなので）1/4 ですから，3 の目が出るという事象と偶数の目が出るという事象とは独立になります．これに対して，十面体の場合，3 の倍数（3 か 6 か 9）の目が出る確率は 3/10 なので，3 の目が出るという事象と偶数の目が出るという事象とは独立でありません．

第6章
（「ザ・カラー・オブ・マネー」での最善の戦略）
　「ザ・カラー・オブ・マネー」で，本文中で紹介したような状況の場合，最後から 2 番目のラウンドではまず，12,000 ポンド獲得を狙うべきです．12,000 ポンド獲得に成功したら，次の最終ラウンドで 3,000 ポンド獲得を狙えばよいでしょう．もし最後から 2 番目のラウンドで 12,000 ポンド獲得に失敗したら，最終ラウンドでは 15,000 ポンド獲得を狙わなければなりません．このとき，目標金額達成に必要な 15,000 ポンドを獲得して勝負に勝つ確率は，$(6/12) \times (10/11) + (6/12) \times (4/11) = 84/132 = 7/11$ で，ほかのどんな戦略をとった場合よりも，大きな値になります．

(ポーカーで何枚のチップを賭けたらよいか)

本文中に示したような状況では，同じゲームを46回行った場合のうち9回で，最後の札がスペードになります．このときの純益はチップ50枚分です．これ以外の37回では，追加したチップの分だけお金を失うことになります．チップ12枚以下でゲームを降りずに続けた場合，平均して儲けが出ることになります．しかし，チップ13枚以上だと，平均損失額が0より大きいと予想されます．

第7章
(羊水検査)

流産の確率が $1/m$ で，ダウン症児である確率が $1/n$ であるとします．ここで m と n はいずれも大きく，$m > n$ であるとします．検査を受けるべきなのは，$y > x + n/m$ という条件が満たされる場合です．

(血友病)

アンの姉妹の一人シーリアに息子が n 人いて，シーリアの息子は誰も血友病患者でないとしましょう．ベティが保因者でなければ，シーリアの息子は誰も血友病患者でないことは確実です．ベティが保因者であれば，シーリアが保因者でない（したがってその息子が誰も血友病患者でない）確率は1/2です．またベティが保因者であれば，シーリアが保因者で，それにもかかわらずその息子が誰も血友病患者でない確率は，$(1/2)^{n+1}$ です．したがってアンの甥が誰も血友病患者でないという情報が与えられた後の，ベティが保因者である事後オッズは，（アンの兄弟に誰も血友病患者がいないという情報を使って計算した）事前オッズに，$(1/2 + (1/2)^{n+1})$ という形で表される項を掛けたものになります（この最後の項は，アンの姉妹を考えて計算したものです）．この事後オッズの値を確率に直すと，ベティが保因者である確率になります．この確率に1/2を掛ければ，アンが保因者である確率がわかります．

第8章

本文中に挙げた，ランダマイズド・レスポンス法の二つの例で，大麻を吸っている人の割合を x とし，全員が正直に答えたとします．すると，前者の例では，「一致している」と答えた人の割合は全体で

$0.8x + 0.2(1 - x)$ となります.これが $1/3$ に等しいと置いて,x について解くと,$x = 2/9$ になります.後者の例では,「一致している」と答えた人の割合は,$0.8x + 0.2/2$ となります.これが $1/3$ に等しいと置いて,x について解くと,$x = 7/24$ になります.

第9章

(コイン投げのベルヌーイ試行列)

HH が得られるまでのコイン投げの平均回数を x とします.初めて H が出るまでには,平均して2回のコイン投げが必要です.初めて H が出た後,少なくとももう1回コイン投げをする必要があります.その場合,2回に1回の割合で,最初からやり直さなければなりません.したがって,$x = 2 + 1 + (x/2)$ で,これを解くと $x = 6$ となります.

(ペニーアンティーで勝つための方法)

(1) 相手が HHH を選んだとします.あなたは THH を選ぶべきです.そうすれば,勝つ確率は 7/8 です.(2) もし相手が HHT を選んだなら,その場合でも THH を選びましょう.勝つ確率は 3/4 です.(3) 相手が HTH を選んだら,自分は HHT にします.(4) THH には TTH で.(3) の場合も (4) の場合も,勝つ確率は 2/3 です.対称性を利用すれば,相手が TTT, TTH, THT, HTT を選んだときに最適な対応を導き出すことができます.

引用文献・参考文献

第1章

I. J. Good, *Probability and the Weighing of Evidence,* Griffin, 1950.
 ジャック・グッドは，アラン・チューリングと一緒にブレッチリー・パークにおいて，エニグマ暗号解読計画の仕事をしました．その後，マンチェスター大学に職を得ました．

L. J. Savage, *The Foundations of Statistics,* Wiley, 1954.
 ジミー・サヴェッジは，確率に対する主観的アプローチの主導者でした．

第3章

W. Feller, *An Introduction to Probability Theory and Its Applications,* Vol. I (Editions, 1950, 1957, 1968). [ウィリアム・フェラー著，河田龍夫監訳，『確率論とその応用1』(上・下)，紀伊國屋書店，1960，1961].
 この本に勝る影響力を持つものはありません．

I. Hacking, *The Emergence of Probability,* Cambridge University Press, 1975. [イアン・ハッキング著，広田すみれ・森元良太訳，『確率の出現』，慶應義塾大学出版会，2013].
 信頼でき，高く評価されています．

A. N. Kolmogorov, *Foundations of the Theory of Probability,* 2nd edn., Chelsea, 1956. [アンドレイ・ニコラエヴィッチ・コルモゴロフ著，根元伸司訳，『確率論の基礎概念』(第2版)，東京図書，1975] (ドイツ語版原著は1933年に *Grundbegriffe der Wahrscheinlichtkeitsrechnung* というタイトルで出版されました．)

S. M. Stigler, *The History of Statistics,* Harvard University Press, 1986.
 緻密な研究に基づいた専門書．

I. Todhunter, *A History of the Mathematical Theory of Probability from the Time of Pascal to that of Laplace,* Chelsea, 1949. [アイザック・トドハンター著，安

藤洋美訳,『確率論史―パスカルからラプラスの時代までの数学史の一断面―』(改訂版), 現代数学社, 2002].

広範囲にわたる包括的な内容の本ですが, ラプラスに関する章がほぼ1/4を占めています.

第4章

D. J. Hand, *Statistics: A Very Short Introduction*, Oxford University Press, 2008. [デイビッド・J・ハンド著, 上田修功訳, 『統計学』, 丸善出版, 2014].

英国王立統計学会会長による, 読みやすい解説書.

第5章

B. Goldacre, *Bad Science*, Harper Perennial, 2008. [ベン・ゴールドエイカー著, 梶山あゆみ訳, 『デタラメ健康科学―代替療法・製薬産業メディアのウソ―』, 河出書房新社, 2011].

主に医学系における統計の誤用に関する本. 良識にあふれています.

第6章

N. Henze and H. Riedwyl, *How To Win More*, A. K. Peters, 1998.

副題である, 「くじでの獲得賞金額を大きくするための戦略」という言葉が, この本のすべてを伝えています.

E. O. Thorp, *Beat the Dealer*, Vintage Books, 1966. [エドワード・O・ソープ著, 宮崎三瑛訳・増田丞美監修, 『ディーラーをやっつけろ！―ブラックジャック必勝法―』, パンローリング, 2006].

この本でソープは有名になりました. しかし, 彼が資産を形成したのは株式市場においてであって, カジノにおいてではありません.

第7章

J. Fan and R. A. Levine, 'To Amnio or Not To Amnio: That Is the Decision for Bayes', *Chance*, 20(3), 2007.

本書では概略しか述べられなかったことが, 完全な形で解説されています.

RAND Corporation, *One Million Random Digits, with 100,000 Normal Deviates*, RAND, 1955.

内容は看板に偽りなし.

第8章

Significance, 2(1), 2005.

この学術雑誌のこの号に収録されている論文には, 確率と法律の問題を考えるのに有用なものがいろいろとあります. 例えば, Peter Donnelly の 'Appealing Statistics' や Tony Gardner-Medwin の 'What probability should a jury address?' など.

ウェブサイトとその他の出版物

公共心に富んだ個人や集団が,インターネット上に,確率と密接に関係した資料を載せていたり更新したりしています.以下に,順不同で私のお勧めを示しましょう.

<http://www.dartmouth.edu/~chance/> (CHANCE)

ダートマス・カレッジの,確率に関するウェブサイト.役に立つ多種多様なリンクもあります.ニューズレターである 'Chance News' のアーカイヴや,ビデオ・オーディオ教材もあります.

<http://www.mathcs.carleton.edu/probweb/> (The Probability Web)

研究者・教師向け.しかし,そのほかの人にとっても,図書,ニュースグループ,確率論にぴったりの引用句,その他の情報のリストが見られるのは,喜ばしいことでしょう.

<http://www.plus.maths.org/> (*Plus* magazine)

雑誌 Plus のオンライン版で,読みやすい.この雑誌に掲載されている論文には,かなりの頻度で,確率に関する題材が含まれています.

<http://www.wizardofodds.com/> (The Wizard of Odds)

さまざまなゲームにおける賭けのオッズに関して正確な情報を提供するために,マイケル・シャックルフォードが立ち上げたサイト.疑問にも当然,答えてくれます.

Significance

英国王立統計学会の雑誌.王立統計学会に入会するのに,正規の資格はいりません.統計学に関心があるということだけが必要です.

Statistical Science

正統的な学術雑誌.いくつかの号には,著名な統計学者たちとの「対話」が掲載されています.これはきわめて啓発的な性格のものですが,そこでは自分たちのキャリアに関しても率直な形で語られています.

訳者あとがき

　確率は私たちの日常生活において，よりよい意思決定を行うために用いられています．例えば，天気予報の降水確率を参考にして外出の際に傘を持っていくかどうか決める，という人も多いことでしょう．予防接種をしたときに病気にかからずに済む確率と，そのときに副作用の症状が出る確率とをよく考えてから，予防接種を受けるか否か決めようとする人もいるかもしれません．

　本書はまさに，日常生活の中で確率論を用いることを重視する立場から執筆されています．確率の考え方（思想，哲学）の紹介も，具体的な例を用いてわかりやすく書かれています（そもそも，確率論自体が，ゲームや賭けの研究から発展してきたという歴史的経緯があります）．応用例も豊富で，さまざまな分野・領域から選ばれています．例えば，ゲームやギャンブルなどの娯楽における確率的要素の話から，物理学，高分子化学，医療，人口，保険，オペレーションズ・リサーチ，金融工学，裁判，社会調査などでの確率論の応用に至るまで，幅広く取り上げられています．

　日常生活に活かすという立場から，確率の考え方の中でも

主観的アプローチをまずは採用する,という宣言がなされます.「確信度」を表すものとしての主観確率を基本とし,その評価にあたって「賭け」の状況を想定する,ということです.ただし,「主観」であるからといって,何でもありでよいというわけではありません.特に,主観確率の評価が「客観的」な考え方か頻度に基づく考え方のいずれかからも支持されるなら,その評価のままでよいと思えることでしょう(また,確率の計算に関する規則も,客観的アプローチ・頻度論的アプローチ・主観的アプローチで異なることはありません).

　主観確率の評価は,どのような知識や情報をもっているかによって変わります.そこで意思決定においても,情報を収集して,それを最適な形で用いることが重要になります.ただし,確率をより詳細に知ることができるような情報が得られるために,かえってジレンマに陥ってしまう場合もあります.しかしそのような場合でも,よりよい意思決定を行うためにはどうすればよいか考えるためのヒントを,本書は提供してくれているといえるでしょう.

　ここで,一つ注意を促しておきたいことがあります.現代数学における確率論はすべてコルモゴロフの主著『確率論の基礎概念』の公理に基づいているといわれるにもかかわらず,本書では彼の業績の扱いが意外と小さいのです.確かに本書でも,コルモゴロフの公理論的定式化のおかげで定理の証明が厳密なものになり,それ以降の発展が促進された,という評価がなされています.しかし,その公理や定理は具体的にどのようものかなどに関しては触れられていません.こ

れについては，ぜひ他の入門書や専門書を読んで理解を深めていただければと思います．

原著者のジョン・ヘイグ博士は，サセックス大学上級講師．専門は応用確率論で，生物学等の分野における確率論の応用はもちろん，ゲームやギャンブルの最適戦略など日常生活における応用に関しても，幅広く研究を行っています．確率論の教科書のほか，スポーツの数学的分析などに関する著作を執筆しています．著書には，

Taking Chances: Winning with Probability, New edition, Oxford University Press, 2003.
The Hidden Mathematics of Sport, Portico Books, 2011. (coauthor, with Rob Eastaway)
Probability Models, Springer, 2013.

などがあります．日本語に翻訳されるのは本書が初めてとなります．

ヘイグ博士は社会的活動も積極的に行ってきています．スポーツの八百長事件や無限連鎖講事件の裁判では，数学的観点から証拠を検討した結果を証人として述べたそうです．また，英国王立統計学会の命を受けて，宝くじの当選数字がランダムに選ばれているかチェックする任にもあたったとのことです．

翻訳にあたっては，わかりやすい表現で内容を正確に伝えることを心がけました．同時に，ユーモアを交えながら語りかけるという原著の雰囲気が日本語版でも醸し出せるよう

に，文体を工夫してみたつもりです．原著にない説明を付け加えた方がよいと判断した場合，適宜，本文中に挿入しましたが，長くなりすぎるようでしたら訳注の形で対応することにしました．ただし，よく考えながら読み進めてほしいと期待しているように思われる箇所がたくさんありますので，皆さんの楽しみを奪わないように（私も楽しみました！），補足説明や訳注はできる限り簡潔にしましたし，巻末の「問題に対する解答」も原著より詳しくはしませんでした．

　翻訳作業の中で疑問に思ったことは，ヘイグ博士に電子メールで質問しました．そのたびに丁寧な回答をいただいたおかげで，理解を深めることができました．また，河野敬雄先生には，拙訳の草稿をお読みいただき，さまざまなレベルのご教示をいただきました．そのご教示のおかげで，訳稿に大幅な改善を施すことができました．ここに記して，厚くお礼申し上げます．しかし，翻訳に誤りがあれば，それはすべて訳者の責任です．

2015 年 7 月

　　　　　　　　　　　　　　　　　　　　　　　　木村　邦博

索引

あ行

アインシュタイン, アルベルト　124-125
アカデミー賞　10, 11, 14
アツミアンのゲーム　166-168
誤り　130-131, 152-155
アーラン, アグナー　143
ありえないこと　11, 36
アルツハイマー病　174
安全　92
一様分布　70, 76, 82, 97
遺伝　1, 62, 174-175
ウィーバー, ウォーレン　172
ウェルドン, ラファエル　7-8
馬に蹴られて死んだ兵士数　60
エラー　→誤り
オッズ　13, 15-17, 87-89, 118-120, 185
オーバーブッキング　142-143
オプション　160-162

か行

ガウス, カール・フリードリヒ　57-58
ガウス分布　57, 79, 82, 84-85, 100, 124-125, 160, 162
拡散　62-63
確実性　11, 20-22, 23
確信度　10-11, 12-13, 14, 27, 155-158
確率が0　11, 20, 73, 75-76, 79-81, 167
確率密度　75-76
賭け　11-12, 29, 46-48, 155-159
加法則　28-31, 35-37, 40-41, 74-75, 114-115, 156-157
カラー・オブ・マネー　113-116, 179
ガリレオ, ガリレイ　45-46
感染症の流行　136-140
ガンベル型　86
幾何分布　71
気象　2, 22-23, 62, 92-93, 157
疑似乱数列　126
期待効用　102, 132-133, 177
期待値　→平均
逆確率　53-55
客観的アプローチ　3, 12, 17, 18, 27, 28-29, 30, 48-50, 105
極値分布　85-86, 162
きわめて小さい確率　81, 91-92
均等性　3
グネジェンコ, ボリス　65
クリケット　71-72
グリフィン, ピーター　8-9
刑事訴訟　54-55, 118-119, 148-149
競馬　87-89, 94-95
血友病　134-136, 180
ゲーム　47, 105-122, 165-168
ゲーム番組　2, 109-116
ケリー, ジョン　117

ケルマック，ウィリアム 138
ケンドール，デビッド 144
ゴア，アル 10
コイン投げ 4-5, 7, 10-11, 14, 30, 51-53, 83, 94, 168-170
工学専攻の学生 35
航空機予約 142-143
高分子化学 128-129
効用 100-103, 107, 112, 132-133
公理 27
誤解 92-96
誤植 60
個人的確率 →主観確率
古典的アプローチ →客観的アプローチ
ゴールデン・ボールズ 109-111
ゴルバチョフ，ミハエル 65
コルモゴロフ，アンドレイ 64-65, 183
コンピュータの影響 66-67

さ 行

さいころ 3, 6, 7-8, 15, 34-35, 41-43, 50-53, 54, 82, 83, 179
サッカー 155-159
事後オッズ 119-120, 135
指数分布 77-79, 82
事前オッズ 119-120, 135
シミュレーション 127-130, 158-159
囚人のジレンマ 110-111
集団免疫 136
主観確率 9-15, 18-20, 22-23, 29, 47-48, 54, 148
出生 7, 55
条件付確率 33, 94-95, 116, 148-149

乗法則 31-33, 37, 38-39, 41, 114-115
ジレンマ 165, 174-177
シンプソンのパラドックス 173
スタートレック 13
スピーゲルホルター，デビッド 155-157
正規分布 52, 58
 →ガウス分布
性差別 171, 172-173
生存分析 85
世界アンチ・ドーピング機関 152-154
絶対リスク 89-91
相関 163-164
相対リスク 89-91
訴追者の誤謬 148-149
ソープ，エドワード 116-117, 184

た 行

対称性 11, 17
大数の強法則 63-64
大数の法則 50, 61-62, 63-64, 83, 94, 116, 127, 159
互いに排反 28, 40, 96
宝くじ 5, 19, 83, 96, 105-109
卵 95-96
玉のはいった袋／壺 4-5, 17, 20, 21, 29, 31-33, 49, 166
誕生日 2, 93
チェビシェフ，パフヌティ 61-62
中心極限定理 57, 84, 100, 124
重複対数の法則 64
治療必要数 91
ディール・オア・ノー・ディール 111-112

適正価格　160-162
適正な賭け率　12, 88
テニス　13
デ・フィネッティ, ブルーノ　9-10, 31
テロリスト発見　154-155
天候　→気象
ドゥーブ, ジョゼフ　66
独立　33-35, 37, 40, 71, 85, 107, 124, 156, 163, 179
ド・モアブル, アブラアム　50-53, 57, 79, 129
トラフィック密度　145-146
トランプ　4, 6, 8-9, 12-13, 16, 28, 31, 60, 96-97, 108-109, 116-122, 170-171, 172

な 行

二項分布　70-72, 131, 141, 142-143
乳がん　176-177
ニュートン, アイザック　57
ネーダー, ラルフ　10, 15
ノーベル賞　11

は 行

パスカル, ブレーズ　42-43, 46-48
バッチ検査　140-141
バトラー, ジョゼフ　24
払戻率　88-89, 155-159
ばらつき　57, 83-85, 146
パロンドのパラドックス　165-168
ハンド, デイビッド　123, 184
人を欺く問題　1
標準偏差　84-85, 160, 162
ヒンチン, アレクサンドル　64
頻度　5-9, 15-16, 21, 48-50, 127, 142, 158
頻度論的アプローチ　5-9, 18, 20, 29, 93
フィレンツェ人　45-46
フェラー, ウィリアム　66, 183
フェルマー, ピエール・ド　42, 46-47
フェンシング　10, 15
ブラウン運動　124-125
ブラックジャック　4, 8-9, 116-118
ブラック・ショールズ・モデル　160-162
ブリッジ　37-39, 70, 118-121, 170-171, 172
フレシェ型　86
ブレッチリー・パーク　65-66
分散　83-85, 124
分配問題　46
分布　69, 97
ペア単位で互いに排反　29
平均　81-83, 84-85, 88-89, 91, 100, 102, 106, 110, 111-112, 122, 124-125, 141, 142-143, 144-145, 155-157, 162, 168-169, 181
ベイズ, トマス　53-56
ベイズ・ルール　53-55, 65, 118-120, 132, 135, 149-150, 172
平方根　51, 129
ベータ分布　97-99
ペニーアンティー　169-170, 181
ベルヌーイ協会　50
ベルヌーイ家　48-50
ベルヌーイ試行列　49, 56, 60, 63-64, 70, 71, 82, 168
変動　→ばらつき

ポアソン, シメオン・ドニ　59
ポアソン分布　59-61, 70, 72, 77, 156-159
ポアンカレ, アンリ　58
放射線放出　59-60, 76-77
ポーカー　121-122, 180
保険　2, 53, 85-86, 101-102, 175-176
ボックス, ジョージ　123
ポートフォリオ　162-164
ボホナー, サロモン　164
ボラティリティ　160-162
ボレル, エミール　63
ボレル–カンテリ補題　91-92

ま 行

交わりがない　→互いに排反
待ち行列　62, 129-130, 143-146
マックヘイル, イアン　158
マッケンドリック, アンダーソン　138
マラウイ共和国　9
マルコフ, アンドレイ　62-63, 144
マルチンゲール　66
密度　→確率密度
モステラー, フレデリック　8
モールス信号　130-131
モンテカルロ法　127-130, 158-159

や 行

尤度比　118-119, 134-135

幼児死亡率　9
羊水検査　131-133, 180
世論調査　51

ら 行

ラザフォード, アーネスト　59, 60
ラプラス, ピエール=シモン　2-3, 55, 57-58
乱数　125-126
ランダマイズド・レスポンス法　150-152, 180-181
ランダム・ウォーク　124, 128-129, 137-138
ランダムに選ぶこと　18, 72-74, 76, 80, 108-109, 109-110
離散分布　69-72
リスク　89-91, 162-164
リストリクテッド・チョイスの原則　120-121
リチャード三世　10, 15
ルーレット　20, 88-89, 127-128, 165
連続分布　72-81, 97
ロウングコー, ウィラード　8
ロケット爆弾　60

わ 行

和　56-57, 65, 83, 85, 91-92, 100
ワイブル型　86
ワールドカップ　11, 158-159

原著者紹介
John Haigh（ジョン・ヘイグ）
サセックス大学上級講師．専門は応用確率論．特にゲームやギャンブルの最適戦略など，日常生活における確率論の応用について研究している．主著に，*"Taking Chance: Winning with Probability,* New edition"(Oxford University Press, 2003), *"The Hidden Mathematics of Sport "*(Portico Books, 2011, 共著) などがある．

訳者紹介
木村邦博（きむら・くにひろ）
東北大学大学院文学研究科教授．博士（文学）．専門は行動科学．数理モデルと統計的データ解析を用いて，社会的態度・意思決定の研究を行っている．主著に，『大集団のジレンマ』（ミネルヴァ書房, 2002），『日常生活のクリティカル・シンキング』（河出書房新社, 2006）などがある．

サイエンス・パレット 027
確率 —— 不確かさを扱う

平成 27 年 8 月 30 日　発　行

訳　者　　木　村　邦　博

発行者　　池　田　和　博

発行所　　丸善出版株式会社
〒101-0051　東京都千代田区神田神保町二丁目17番
編　集：電　話(03)3512-3266／FAX(03)3512-3272
営　業：電　話(03)3512-3256／FAX(03)3512-3270
http://pub.maruzen.co.jp/

© Kunihiro Kimura, 2015
組版印刷・製本／大日本印刷株式会社
ISBN 978-4-621-08828-9 C0341　　　　Printed in Japan

本書の無断複写は著作権法上での例外を除き禁じられています．